审美视角下环境艺术设计的多维研究

李 楠 任 杰 郭丽娟 著

U0340142

北京工业大学出版社

图书在版编目（CIP）数据

审美视角下环境艺术设计的多维研究 / 李楠，任杰，
郭丽娟著. — 北京 ： 北京工业大学出版社， 2019.11（2021.5 重印）
ISBN 978-7-5639-6899-2

Ⅰ. ①审… Ⅱ. ①李… ②任… ③郭… Ⅲ. ①环境设
计—研究 Ⅳ. ① TU-856

中国版本图书馆 CIP 数据核字（2019）第 145871 号

审美视角下环境艺术设计的多维研究

著　　者：李　楠　任　杰　郭丽娟

责任编辑：任军锋

封面设计：点墨轩阁

出版发行：北京工业大学出版社

　　　　　　（北京市朝阳区平乐园 100 号　邮编：100124）

　　　　　　010-67391722（传真）　　bgdcbs@sina.com

经销单位：全国各地新华书店

承印单位：三河市明华印务有限公司

开　　本：710 毫米 ×1000 毫米　1/16

印　　张：12.75

字　　数：255 千字

版　　次：2019 年 11 月第 1 版

印　　次：2021 年 5 月第 2 次印刷

标准书号：ISBN 978-7-5639-6899-2

定　　价：52.00 元

前　言

进入 21 世纪以来，我国的经济迅猛发展，生活水平的不断提高使人们较以往任何时候都更为重视周边环境为自身带来的物质与精神享受，这也促进了环境艺术设计在我国的繁荣与发展。

著名环境艺术理论家多伯曾做过如此评价："环境艺术作为一种艺术，它比建筑艺术更巨大，比规划更广泛，比工程更富有感情。这是一种重实效的艺术，早已被传统所瞩目的艺术。"的确，环境艺术是人与居住环境相互作用的艺术，它与人们的生活、工作、学习的关系十分密切。随着社会政治、经济、文化的不断发展，人们对环境艺术品质的要求也越来越高。环境艺术的理论和实践，就是在这样的背景下迅速崛起和发展的。

全书主要内容如下。第一章为艺术设计概述，主要阐述了艺术设计的产生与发展及艺术设计的构成要素等内容；第二章为环境艺术设计的理论基础，主要阐述了环境艺术设计的美学规律、环境艺术设计的基本原则以及环境艺术设计的相关学科等内容；第三章为环境艺术设计的发展历程，主要阐述了古代环境艺术设计、近代环境艺术设计以及现代与后现代环境艺术设计和环境艺术设计的发展趋势等内容。第四章为传统美学视角下的环境设计，主要阐述了中国传统的美学思想、中国传统美学的继承、中国传统美学中的环境设计原则以及中国传统美学在环境艺术设计中的应用等内容；第五章为审美视角下的建筑内部空间环境的设计，主要阐述了建筑内部空间环境设计概论、建筑内部空间环境设计要素及原则以及建筑内部空间环境设计风格等内容；第六章为审美视角下建筑外部空间环境设计，主要阐述了建筑外部空间环境设计概论和建筑外部空间环境的设计要素等内容；第七章为环境艺术设计中生态美学的应用，主要阐述了生态美学释义和生态美学在环境艺术设计中的应用等内容。

本书共七章约 20 万字，第一章、第二章、第五章约 10 万字，由内蒙古工业大学李楠撰写；第三章、第四章、第七章第一节约 5 万字，由内蒙古工业大学任杰撰写；第六章、第七章第二节约 5 万字，由内蒙古农业大学郭丽娟撰写。为了确保研究内容的丰富性和多样性，作者在写作过程中参考了大量理论与研究文献，在此向涉及的专家学者表示衷心的感谢。由于作者水平有限，加之时间仓促，本书难免存在疏漏，在此恳请同行专家和读者朋友批评指正！

目　录

第一章　艺术设计概述

第一节　艺术设计的产生与发展

艺术设计涉及社会、文化、经济、科技等诸多方面。随着人类的发展，艺术也在相应发展，也可以说其与人类创造进程是同步的。造型装饰在四大文明古国时期、中世纪、文艺复习时期就有了空前繁荣。近代社会对于艺术影响最大的就是工业革命了，这个以产业为革命背景的伟大艺术革命也促进了工业设计发展，另外英国的艺术与工艺运动、德国设计振兴、美国芝加哥学派等艺术运动也产生了巨大影响。现代设计艺术的开端是包豪斯教育体系的出现，在这之后又出现了战后日本的设计等，它们使艺术设计的思想进入了新时代。

信息社会出现了波普艺术、宇宙风格、后现代主义、新时代设计等革新思想的新艺术形式。时代交替、社会生产力发展促使艺术设计发展出适合于社会需要的多种设计形态。

就当今中国设计领域而言，艺术设计是一个以艺术为创作思想的宏观概念，在现在社会中，其包含了工业设计、产品设计、建筑设计、平面设计、媒体设计、服装设计、公共艺术设计等，是一个综合性的表述。在中国，艺术设计涵盖专业较多，社会变化较快，新型行业在不断产生，艺术设计概念也在不断精确和延展，但其依然存在概念难以标准化的问题。艺术设概念在全世界都在随着时代变化而不断变化和创新。艺术设计拥有久远、复杂的历史渊源和多元、复杂的未来。

一、世界艺术设计的发展

世界艺术设计最早产生于的旧石器时期。早期的装饰都是采用写实的一些动物，到了新石器时代人们开始采用一些抽象的几何图案。19 世纪前的古希腊文明，中世纪和文艺复兴时期的欧洲文明，特别是两河流域的苏美尔文明和巴比伦文明，北非尼罗河流域的埃及文明都对早期的艺术设计发挥了开创性的

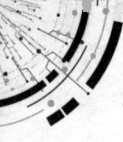

作用。

　　古希腊建筑是欧洲古典建筑的重要代表。古希腊围柱式建筑是欧洲希腊时期社会审美关于和谐、崇高、均衡的最佳体现。围柱式建筑的成就不仅仅在于建筑本身，更重要的是此类建筑的结构形成了独特的欧洲建筑特色雏形，即欧洲古典建筑的代表构建形式——希腊柱式。古希腊的柱式建筑是一种建筑规范，在现今社会里，说到欧洲建筑风格，欧洲柱式依然是不可替代的特征之一，多立克柱式、爱奥尼柱式和科林斯柱式，都是重要的柱子形式，其檐壁、檐口、柱子、柱础、柱身、柱头的比例是从以人为尺度的造型中发展出来的，也反映出当时希腊社会对于人的尊重。该风格建筑直观地体现出了和谐、圆满、崇高的风格。现如今的欧式建筑中，这种柱式依然被采用，只是其功能作用被简化，取而代之的是装饰作用。

　　古罗马的建筑艺术是古希腊建筑艺术的继承和发展。古罗马的建筑将古希腊建筑艺术风格和谐、圆满、崇高的特点赋予全新的美学韵律和相应的形制特征，强调规例、配置、匀称、均衡、合宜和经济，在新的社会下，从神坛走下来，转入世俗，这可以说是对古罗马建筑特点及其艺术风格的一种理论总结。

　　文艺复兴是欧洲文化运动的重要时期同时也是艺术极速发展的重要时期，它的立足点是现代科学，是加大社会生产力发展的运动，在欧洲历史上占据有重要的历史地位。文化的复兴推动了社会进步，特别是宗教发生了改革，由当时教会中心的罗马帝国派生出的巴洛克艺术，极尽豪华庄严。巴洛克艺术无疑是服务于当时教会势力的，为宗教人士，特别是上层宗教人士所追捧，映射出宗教强大的集权性质和享乐主义色彩。反之，宗教势力也极力保护和发扬巴洛克艺术，其中包括绘画、建筑、装饰灯。巴洛克之后出现了洛可可风格艺术。18世纪欧洲奢靡风兴起，使以法国洛可可风格为代表的艺术形式涵盖了绘画、建筑、音乐、文学等多个领域。其中，建筑艺术主要表现在装饰上，从造型和比例关系上，洛可可风格的风格特征较巴洛克时期更为高耸和纤细，另外此时还出现了不对称美的意识表现。洛可可风格喜用变化的曲线和弧线，讲究动感和变化，抵触严肃和古板，在绘画和雕刻上，其选择的题材往往是愉悦世俗、宫廷享乐嬉笑的轻松题材，在很大程度上热衷表现宫廷生活和一些神话传说。另外，它还具有很强的故事性，对于材料的选取也是选用玻璃镜面等强烈反光的材质，因此形成的艺术形象是对感官有很强的冲击力，这样的艺术形式及艺术作品十分受到当时欧洲上流社会的喜爱。哥特式建筑是一个比较特殊的建筑形式，具有十分强烈的建筑特点，罗马建筑之后，哥特建筑的中厅越来越高耸，在技术上，为了减少和平衡高耸带来的建筑上拱脚的横推力，券的跨度变小，并且数量增多，以适应不同尺寸的平面，因此人们创造出了高耸、挺拔、带有火焰窗形式的哥特式建筑。它多数是感性、幻想的艺术表达。

处于工业社会时期的艺术发展是以艺术和手工业运动为起始的。英国艺术家威廉·莫里斯被称为"现代艺术设计之父"。莫里斯主张造型艺术与产品设计紧密结合，重视传统手工艺的挖掘重现和发扬光大。他是理论家与实践主义者。而莫里斯新艺术运动时间特点为以新的艺术表现形式与19世纪下半叶的两种流行形式决裂（与历史风格决裂和拒绝西方艺术）。

之后出现了现代主义、立体主义、未来主义等具有时代革命的艺术设计思想。近代工业大发展，科技力量改变了人们的生活方式和内容，交通便利了、玻璃等新材料的出现都改善了人们的生活，人们的需求也从简单的物质生活需要转变为物质和精神需要共同存在的局面。精神需求推动着艺术的不断变化，改变了人们的许多观念，包括绘画、雕塑、建筑、文学、诗歌、戏剧、音乐等各个领域。汽车、飞机、工业化产品的出现使艺术创作充斥了更多的魅力和动力。从某种意义上说，此时的艺术设计反映了人类依靠技术征服了自然的阶段性观点。

第二次世界大战结束后，美国无论是经济还是工业都迅速发展，其中也包括艺术，在经济消费主义的思想下，美国经济发展的空前繁荣，进入极速时期，相应也影响到了艺术、设计等方面，美国成了现代艺术设计的前瞻国家，引领了当时的现代设计思潮。20世纪60年代，美国逐渐发展出了比较完整的现代艺术设计教学体系，最为突出的是形成了设计基础等现代设计理论课程，如平面与立体分析、设计素描、色彩、字体、材料和计算机辅助设计等，同时美国学界在现代设计理论和设计历史方面也开始不断整理和归纳，开设了设计史与设计理论、材料学、工程基础、电工学、人体工程学、市场学、心理学、社会学、设计美学、艺术史等人文类课程。美国设计教育改革引领美国艺术设计走到了世界前端，也影响了整个世界的现代设计。

从20世纪80和90年代开始，艺术设计就不只是探讨形式和风格了，而是以社会责任和设计思想为引导，强调社会的惠利问题。现代的设计主题越来越偏重生态、保护等绿色节能的方向。由于环境问题日益突出，人们对于环保的呼吁日趋强烈，同时环保、绿色、节能的设计成为设计新潮流。其设计的理念与生态设计、环境设计、生命周期设计、环境意识设计的理念十分相似，它们都主张生产与消费都要对环境产生最小影响，从而更新传统设计，使所创造

的新产品既符合传统的概念又能够满足大众审美和现代可持续发展的需求。生态设计也遵循上述的绿色设计思想,它是20世纪90年代初出现的关于产品设计的一个新概念。设计者遵循生态学原理及其思想,提前构筑设计最终产品的形制与功能,使其符合生态保护要求,从而使产品与环境更加和谐,使生态学成为设计思想的一部分。因此,也有人将其称为绿色设计、生命周期设计或环境设计。其实,生态设计主要涵盖两个方面的意义:第一,从保护环境的角度出发,减少对资源的消耗,从而实现可持续发展战略;第二,从商业的角度出发,降低生产成本,减少潜在的责任危机,从而提高竞争力。除此之外,之后出现的"人性化设计""健康设计""非物质主义设计"等新思路相融合,也成为现代主义设计理论转向未来新设计价值的一种过渡。

二、中国古代艺术设计的发展

瓷器这种艺术表现形式在世界上都享誉盛名,中国是最早发明瓷器并传播的国家,瓷器可以说是中国最高的艺术形式之一。到现在,中国的瓷器在世界艺术形式中也占有一席之地,代表着东方的设计美学。自夏代起一种名为青铜的材料作为一种新型材料,被广泛应用,影响着大众的生活,自此中国开始步入青铜时代。青铜器艺术面貌的形成与其采用的制法都与陶范法制作工艺密切相关。西周时期的统治者十分重视礼法制度,大概在周穆王时期,人们对很多祭祀、军事、见面等行为都做出了约束,并慢慢演变为严格的规范或者是法律,用来维护统治者的权威,还有对不同身份的人群在服饰、用品、配饰等方面用材料、色彩、大小、数量等方法进行区别,来彰显不同的身份。

春秋战国时期商人重酒,酒器成为那个时期艺术的重要代表。除了生活用具之外,宫殿建筑成为中国古代最为重要的建筑类型,《礼记》提出了"中正无邪,礼之质也",即将主要殿堂建在中轴线上接近中心点的最重要的位置,第一次从理论上高度概括了建筑群的中轴对称布局。当时产生的《考工记》是中国第一部手工业方面的专门巨著,这部著作详尽记录了手工业长期以来所积累的实践经验。汉朝时,由于佛教传入,它对于我国艺术设计产生了不同程度的影响,比如熏香的传播速度就特别快,由南至北,同时应用也十分广泛,因为地域不同,所以传播的过程中会改变熏香炉的样式,产生出形态各异的形制,最为普遍的是豆瓣形状、鼎形等,到了后来,由于受到道教的影响,博山炉的样式也有了改变,反映出一定的神仙思想,形成独特的艺术形式。四灵是汉朝最富有时代感的动物图形,由青龙、朱雀、玄武、白虎组成,也称四神。汉朝的艺术设计在秉持着朴实无华、饱满强劲的特点的同时，又展现出来了清爽烂漫、飘逸温和的艺术特点。

三国两晋南北朝时期以敦煌、云冈、麦积石窟为艺术代表形式。当时由于佛教和胡风盛行，莲花装饰很是流行，在家具、书籍卷轴中都有所体现，对传统礼制产生了一定影响，人们生活起居方式趋于多样化。

隋唐五代时期，器具各具特色，前者造型较多继承了南北朝的作风，体清瘦、颀长秀丽，而后者则趋向圆满，丰硕雄健，一派大唐盛世的气象。同时，地域特征也在饮食器设计上有所体现，即北雄南秀。

唐代的风格众所周知是极为奢华的，其中最为华美的漆器要数金银平脱制品，其利用金银片为材料，进行裁切形成图案样式，贴在漆底，涂好漆后再进行研磨，使表面平滑以显示出金银质地特有的光泽质感，显示了当时的艺术之美。隋唐时期，还有一个非常重要的艺术形式表现，即唐三彩，其使用低温烧制。"三彩"并非指三种颜色，"三"只是一个虚词，表示颜色多。唐三彩题材主要是各类人物、动物、佛教图案，如宝相花等，在盛唐时期作为帝王权贵殉葬的明器。

在百家争鸣的年代，道家思想深深影响了宋代历代最高统治者的思想观念，它影响的不只有政治统治方式，还有人们的思想观念，最明显的就是宋人的审美观念，这在当时的艺术设计都有具体的体现和表达。人们对朴素的认知还有空灵简淡意蕴的追求，宁简勿繁是当时艺术体现得最显著表达，不尚铅华、以少胜多、计白当黑在宋代就是最高级的表现手法。梅瓶、玉壶春瓶作为宋代的首创，也是十分具有代表性的器型，它们在中国的岁月长河中，体现了宋代一枝独秀式的简约清秀的审美风潮。除此之外，宋代端砚在当时作为贡品也是非常有特色的器物，如徽州歙砚，至今为文人墨客之最爱；宋代对现世十分重要的贡献就是，以《营造法式》为代表的，详尽记录建筑技艺的建筑理论著作问世，这就足以说明中国建筑艺术的在持续发展并正在走向成熟，同时形成了规范，引导建筑的风格。宋代艺术设计风格由北宋初期的清新，敦厚逐步转向温婉、灵秀的风格，并且在北宋末期这种风格逐渐稳定，最后由南宋所传承。

辽代具有代表性的壶类器具当数颇具游牧民族特色的马镫壶；西夏壶类器物中以两侧有耳的瓷扁壶最具特色。

元代艺术设计存在的两种不同倾向。一是以大为美，雄健华缛；二是清逸为本，优雅灵巧。金银蓝白红色，是这个时代色彩谱系里的主色调，它们在元代瓷器上也有所体现，如白釉、青花、釉里红、蓝釉、红釉等。元代的装饰

图案方面，受藏传佛教影响，由轮、螺、伞、盖、花、罐、鱼、肠组成的八吉祥非常具有代表性，今天在我国内蒙古地区仍然可以看到此类图案。元代文具器型质朴无华，注重实用，造型追求变化，注重雕饰，陈设品以礼器、供器为主。

明代艺术设计在明早期、中期和晚期有些许不同。明早期是明王朝最富于开拓和创新精神的阶段，敦厚饱满、清新雄健之作多产生于这一时期；明代中期逐步由豪放向婉约过渡；明代晚期，更偏重于趋于繁缛、华丽、雕琢的风格。明代家具的材料大多数都运用紫檀、黄花梨等硬木的高档家具，并且家具纹饰的主题因为帝王对道教的尊崇，从而大多数都是道教题材，如八仙、八卦、暗八仙以及带有升仙寓意的鹤、云气、灵芝等纹饰流行一时。

明清时期出现了很多江南私家园林的经典作品，展现出明清时期江南私家园林特有的灵动、清雅的风格。清代艺术，建筑是不能不提的领域，其特色多样，北方皇家园林建筑、南方水乡园林、藏传佛教建筑等多种多样的建筑很有特色。中国园林追求自然美、追求景致的层次感、崇尚意境；宫殿设计的特点是沿中轴线严格对称的布局、超大的空间，形成了独立于大空间之中的小空间，彰显出统治者的权力。清代实用器具设计中运用藏传佛教艺术因素比明代更广泛，僧帽壶、多穆壶的流行即鲜明地体现了这一点；清后期，高档家具主要产自广州，苏州，北京，形成了广作、苏作、京作三种类型；陈设品中瓷器出现了粉彩、珐琅彩、郎窑红、胭脂红、茶叶末釉等高低温颜色釉的器物，也反映了清代陈设品善于运用多种材料、推陈出新、穷工极巧的艺术风格。清代还有一个重要的艺术形式不得不提，那就是清代刺绣，最著名的有"四大名绣"的苏绣、粤绣、蜀绣、湘绣，其中以苏绣最负盛名。此外还有京绣、鲁绣、汴绣、瓯绣等品种。

民国时期艺术设计已经反映出现代特征了，从民国时期开始，中国艺术设计已经开始出现一些相对固定的艺术特征。建筑、室内设计、平面设计、服饰等设计门类孕育而生，钢筋混凝土、合成金属、玻璃、呢绒等现代新材料开始被大众所接受并广泛应用，现代生产加工手段不断推广，在纺织、陶瓷、印刷、机械制造等行业都不同程度地采用了机器生产。除各阶层均普遍使用的陶瓷制品外，铝制品、搪瓷制品等便于携带，不易破损的新型材质的饮食器也被社会各阶层所接纳。

梳理中国各个时期的艺术设计形式和特征，概括中国艺术设计特征如下。

①因地制宜。早在原始时期南方应运而生的干阑式建筑与北方的地穴式建

筑就可以说明这一个特征，历代建筑及园林设计也都遵循这一个原则。

②因材施艺。历朝历代的工匠，对于材料的掌握是十分详尽的，因此他们懂得在制作时选择什么样的材质才能满足色泽、纹理、色彩要求，这样可以直接展现材料本身的特点，如玉器中的"巧色"，瓷器中的窑变、开片、绞胎，等均是因材施艺设计的结晶。

③实用唯美。中国上自帝王下至庶民，各阶层所用的实用器具、陈设品乃至建筑、服饰等，在满足实用功能的同时也在追求审美价值。下层的民众更注重实用价值，而上层社会则更偏重于产品样式及随之而来的象征功能。但无论身份如何，各阶层均努力通过产品传达其审美诉求。宋代官窑青瓷与磁州窑白地黑花瓷即有力地说明了这一点。

④丰富多样。各个时期中国设计在材料选择、加工手段、造型样式、装饰题材、色彩取向等很多的方面都有各自的特点，雕馈满眼与惜墨如金共生，充实之美与空灵之美兼备，如唐代唐三彩与类冰类玉的越窑青瓷、类银类雪的邢窑白瓷，均受到社会各阶层的喜爱。

中国地大物博，南方、北方、东部、西部的地理环境与人文环境存在显著差异，但由于中国封建社会长期的中央集权统治，中国艺术设计既有多样性同时也存在一定的包容性，又呈现出统一的风格。这些特征在建筑的营造技艺、服饰等级制度等方面有所体现，又在多子盒等器皿的形态构造、装饰方法等方面得到体现。

⑤象征寓意。中国艺术精神蕴含强大，多器以载道，托物言志，借景抒情，小中见大，以少胜多。大到城市的布局、建筑的开间，小到器物的材质、造型、色彩以及吉祥图案所蕴含的意义，无时无刻不体现着古人的智慧与设计技法。

⑥等级差异。中国古代统治阶层制度严格，通过法律从材质、形态、尺度、纹饰、色彩等多方面对器具、服饰、建筑等设计进行了严格限制规定，这样的方式对于服务的不同层面上的人群有着不同艺术特征。器用、服饰方面表现得最为明显，如礼器、明清两代的补服皆是各个阶层身份地位的重要显示。

⑦交流与融合。中国由 56 个民族组成，是一个多民族的国家。历史上民族融合与文化交流从来没有停止，自从汉朝丝绸之路诞生，日后中国与世界的交流不断发展，中国艺术设计也因多民族的融合和对外的交流而进行更新。中国艺术设计中形成的多种因素，都是历史上无数能工巧匠在借鉴、吸收外来文化艺术方面做出的宝贵探索。

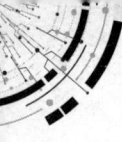

三、中国现当代艺术设计的发展

西方的现代设计理论于 20 世纪中期由日本传入国内，从此对我国的艺术设计的发展道路产生了很大的影响。这条道路基本上是建立在工业大生产基础之上的，在意识形态上有了新的突破，从服务贵族阶级转变为服务于平民大众阶级，经历了从假单图形装饰到现代设计的转变。其间，由于国内政治、经济及社会的现实条件，其发展较为缓慢，并未受到应有的重视。

清华大学艺术设计学院的前身是中央工艺美术学院，该学院于 20 世纪 50 年代由中央美术学院实用美术系组成，这是我国艺术设计教育的第一个里程碑。

20 世纪以来，国内工艺美术界对于"装饰""装饰艺术""工艺美术""实用美术""艺术设计"等相关概念开始逐步划分与明确定义。特别是对"艺术设计""设计艺术"和"艺术与设计"三个概念，逐渐在清晰和明确。它们翻译为英语是"Art Design"或"Design Art""Art and Design"三个词汇，究竟哪一个词汇更能界定，目前来说，"Art and Design"在国外的艺术设计领域中应用最为广泛。但在中国，普遍采用的是"艺术设计"的说法，这个说法比较概括，但对于艺术和设计的关系表达不明确，因此还有很多学者在探讨和建立。这种情况的产生有以下两种原因，一是中国的教育者们对于"设计"的"国情化"解释，二是中国经济处于高速发展的时代，同时处于艺术逐步复兴的阶段，在发展过程中相关特点较为显著。

于今日，中国举起"文化复兴"大旗，艺术领域责无旁贷。在今天，中国艺术设计的一个重要使命，即对中国古老文化进行深入挖掘和更新创作，随之将实用、耐用、好用的中国特色产品推广到全世界。在中国古代，设计就已经深入人民生活的各个领域中去了。根植于中国传统哲学基础上的艺术形式体现着东方传统朴素的美学观念和生活理念，类似"意匠""百工之技"等，在未来的发展过程中，将成为中国及世界现代艺术设计的优良资源与基础，也将是艺术设计的未来发展方向之一。

未来设计的最终目的是将精神文明与物质文明相结合，并努力提高人们的生活品质。这种设计目的的转变，是由"生存意识"到"环境意识"的转变，同时也是"精神需求"的转变。

第二节 艺术设计的构成要素

一、基本要素

（一）技术要素

1. 技术

技术要素是艺术设计的限制要素，历史上，技术的进步有时候推动了新的艺术形式的产生，如巴塞罗那馆的玻璃与大跨度结构，为建筑创造了新的艺术形式。每一个时代的艺术设计都离不开那个时代的技术支撑，技术与艺术的完美结合是时代所赋予的使命。当今时代，科学技术被越来越多的应用于艺术设计上，例如太阳能技术、生态技术、虚拟技术、信息技术、数码技术等新的科学技术不断产生，为艺术设计创作开辟了新天地。如今，在阳光不充裕的室内也可以培育植物、花卉，这正是通过植物栽培的技术才得以实现，同时加入智能灯光的技术来进行效果变化，硅藻泥的材料可以吸附空间中的甲醛等，技术总是随着社会进步不断满足着人们的需要，也不断改变人们原来的生活方式和思维方式，进一步提高了人们的生活质量，同时也给设计师提供更为广阔的概念设计和创作视野。

2. 材料

科技带来的设计变化最重要的体现可能在于材料，新材料的涌现，为设计提供了多种可能，成为艺术设计最为重要的设计要素之一。新材料技术与传统材料相比，能弥补传统材料的一些天然缺陷，同时也能在设计形态不变的情况下，按照设计师的意图加强产品艺术设计，如现今的诸多复合材料。利用新材料技术能进一步改善艺术设计，为艺术设计的未来发展提供更广阔的天地，也为人们带来更经济美观的设计产品。

（1）新材料增加设计的艺术观赏性

第二次世界大战后，新型塑料和新型有色金属合金材料多样化的鲜明色彩及成型工艺对人们传统的设计观念产生了极大冲击，并产生了新的美学形式，让技术不仅仅是解决制造问题，也是为审美提供新的思路，让技术之美、简洁之美，时代之美呈现于世界，如法国蓬皮杜艺术中心的结构外露，颠覆了传统的建筑形式和审美意识，不但在功能上满足了人们的需求，而且在形式上给人以不一样的感觉。设计师利用新材料，将过去不能弯曲的弯曲了，不能透

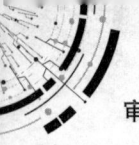

明的透明了，在造型方面做出了前所未有的突破。新材料和新工艺的革新，改变了设计面貌，与此同时，也影响了人们对于设计的观念，拓宽了设计视野。新材料使设计造型独特别致，色彩更加丰富多变，将设计的外观推至一个新的高度。

（2）新材料创造出设计的新功能

新材料的产生，是为了解决传统材料的缺陷和不足，因此它们都具有一些适应性很强的优点和功能，诸如强度更高、硬度更大、更容易获取、更容易安装和切割、隔音或耐热性能更好和更稳定、温度湿度更适宜、抗压能力更强等，使得制造出的产品具有新的功能，比如过去的壁纸花色美丽，但有非常致命的缺点，容易破裂、起泡、不容易清洗、褪色等。近些年，壁纸材料不断更新，解决了这些问题，这就是新材料出现对于功能使用方面的改善。新材料的产生与应用对人们的生活方式产生了不小的影响，比如仿牛皮毛的建筑材料，在满足建筑保温功能的同时也会带来皮毛所特有质感；应用于汽车制造产业的超强度钢，在减轻汽车质量的同时可以极大提高汽车的碰撞安全性。

（3）新材料使设计更环保、更健康

新材料的研发目标之一，即是创造出更健康、绿色环保的新材料，降低社会进步带来的资源破坏。因此，新材料引领了绿色设计发展。使用新材料提升原有设计的健康指数，为人们带来更健康的生存环境，这是一个长远而伟大的目标。

越来越多的环保型新材料被用在了艺术设计这一领域，特别是在建筑设计中，例如泰国计划新建的曼谷国际航空港。利用新材料所做的环保型设计还有很多，例如环保型购物袋、可降解性餐盒、太阳能电池板、锂电池等。21世纪，大众逐渐关注与他们生存息息相关的环境问题，科技工作者正在努力探索并研制污染较小甚至是无污染的节能环保材料，设计者在做设计的时候也应该从环保角度出发，大量运用新型低耗能的材料。

（4）新材料降低了设计的成本

很多新材料比传统材料容易获取，因此价格很多时候也低于传统材料，但功能效果还好于传统材料。比如，复合木地板，价格比实木地板便宜很多，还不易变形，是现在许多室内空间首选的材料；一些人工亚克力可以替代一些昂贵的透明反光材料。新材料价格较低、美观程度也很好的特点，是新材料的优势所在。新材料制造出来的产品物美价廉，自然更容易被人所接受，而且符合社会的绿色设计、生态设计理念。

（二）形式要素

对艺术设计来说，内容是形式的载体，形式是内容的再现。艺术设计的内容与形式统一于艺术设计作品，形式要素可以从两个角度理解，其中之一是艺术内容的表达形式是什么？对此我们可以按专业界定的分类来理解。其大致遵循艺术设计的专业分类法，形式有环境艺术设计、视觉传达、媒体设计、产品设计、服装设计等。以下就简要介绍前三种。

1. 环境艺术设计

环境艺术设计这一称呼出现于 20 世纪 80 年代末，在那个年代，中央工艺美术学院室内设计系为仿效日本，将室内设计系更名为环境艺术设计系。随之全国众多高校纷纷效仿，将院系的名字都改为了环境艺术设计，其中也有一些专家持反对的态度，但他们的意见并没有被采纳，随着时间的推移，当时曾经呼吁改名的领头人也觉得有些不妥之处。在中国，环境艺术设计主要指景观园林设计、室内设计、建筑装饰设计和装饰装潢等。虽然有不同的名字叫法，但内容却是如出一辙，它们都是对建筑及其周围环境进行的改善、装饰等设计活动。如果要细分出区别来，那么就是室内装修与室内装饰之间的区别。由此可以看出，单单用室内设计来概括还是有一些不全面的，这样就导致了建筑立面及其周边的小环境的设计内容，被建筑、景观、规划等行业的竞争。

室内设计也属于环境设计，其学习的主要内容涵盖室内的空间设计及陈设设计。室内设计的目的是人们要对于室内设计的特征及规律获得全方位的认知，掌握不同形式的室内设计构成要素和表现的特色，对室内设计的多个设计环节和表现形式及创意，能够具备较完备的多角度施工效果图的绘制及模型制作能力，培养能在建筑、房地产开发、展示、装饰公司等相关企事业单位从事设计、经营和管理工作的专门人才。

2. 视觉传达

视觉传达设计又称平面设计，学习的主要内容包含广告战略、广告表现、书籍设计、插图设计、摄影艺术与技术、新媒体创作与应用等，相应的人才可以工作于出版、印刷、传媒及室内装饰公司等。广告设计主要学习内容有广告策划与创意，文案、广告经营、媒体研究、摄像与摄影、广告设计、市场调查等课程，培养能在新闻媒体、广告公司、市场调查、信息咨询等行业从事广告工作方面专门人才。

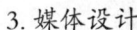

3.媒体设计

媒体设计是近些年来比较热门的专业，例如网页艺术设计，在明确网页的主题之后，应该要确定和掌握设计对象及构成要素。网页艺术设计所涉及的内容还有很多，可以笼统地分为视听元素和版式设计两部分。

（三）经济要素

艺术设计与经济水平是不可分开来讨论的，因为经济是基础，意识形态是上层建筑，自然艺术设计作为上层建筑，需要经济水平来支撑。同时，上层建筑的艺术也可以反过来对经济产生积极或制约的作用。从宏观的角度来分析，艺术设计所创造的物质，在一定程度上会促进社会经济发展，它不仅可以满足人们日益增长的物质需求，也满足了审美方面的精神诉求。艺术设计的本质是人们对将要进行的经济建设活动做出艺术化的统筹和安排。从整体来看，这种统筹和安排都是积极的、向前的甚至是超前的，那么可以说"艺术设计也是一种生产力""设计就是经济效益"，艺术设计是一种推动社会发展的因素。艺术设计的价值体现必须依托于社会生产生活。

中国艺术设计的发展是与经济发展同步的。艺术设计融合了技术学科、美学、经济学、社会学、环境学、经济学、美学、人体工程学、社会学、社会心理学、人类经济学等多个学科，是一个综合性的学科。这些学科与经济都有着千丝万缕的关联，因此艺术设计与市场同样紧密联系，艺术设计的创作产品面向市场，为服装、家居产品等多个生活领域提供使用产品，以满足基本的人类需求。当下，好的设计产品想要在市场上占有更多的份额，科技、艺术、市场三者的良好结合，是设计的重要思路和要求。商品是否符合人们的期待，质量评价是否达标、使用感受评价是否良好，都可以通过市场得到检验；以市场驱动设计，在一定意义上是符合发展的基本规律的，市场淘汰的设计必是社会不需要的设计，因此市场和经济原则是衡量设计是否成功的一把尺。

经济行业中与艺术设计直接相关的制造业和服务业，对于艺术设计影响巨大，占有重要的地位。在市场竞争中，工厂批量化生产，使得产业结构发生了变化，也包括设计生产结构。能够使得生产与销售两个环节顺利链接的重要前提就是做好符合市场规律的设计，设计便是平衡、协调各种制约因素的重要因子。现在，设计的生产和创作需要以技术的、可批量的生产为前提，这样的产品才能受到生产厂家接纳，因为生产厂家的第一要求即产品必须具有市场竞争力，巨大的市场潜力是生产驱动力，也是设计驱动力。产生最大的经济效益，实现经济效益的市场决定是艺术设计的创作方向，这一点是不可否认的。

二、目的要素

飞利浦设计美学研究会主管帕崔克·乔丹根据马斯洛的需要层次理论提出了消费者的需要层次理论，即设计目的是满足人们功能、易用、快乐的诉求。从这一观点看，艺术设计的构成要素是在目的要素的导引下产生和成立的。设计的目的即是通过创造性的思考和实践劳动，为人民提供实用价值和精神满足的某物。

目的要素是理解设计，找寻设计构成要素的前提，比如易用性决定了产品是否可以被大众更好地利用，将产品本身的价值发挥到极致；使用体验则是决定了产品是否会被大众接受，是否会被利用还是被闲置。目的要素简要的分为两个方向，一是功能目的，二是精神目的。

（一）功能——最基本的目的要素

设计的成果是越是好用，越体现设计作品存在的必要。好用的设计就像是低调的关怀，不张扬但细致入微。日本的设计就非常重视好用这一基本目的的实现，特别是在工业产品及创意生活产品方面日本做到世界顶尖的水准。好用的功能设计，其中蕴含着深层次的美学体验，这种体验并非外观视觉美感，很多时候是人在使用过程中产生的对于技术的敬畏和对适用这个概念的体会。机器能够生产出来的东西的合理性表明了人类的智慧、艺术设计师的高超技艺，体现了人们对于完美产品的需求。可以说，机器体现出来的美感，是现代设计中功能美最直接与集中的体现。机器带来的好用其实就是功能的完善，是设计的首要目的，人们从好用中也能感知到现代技术美，从而直击设计功能美的核心要素。设计的本质属性决定了功能的主导性，功能始终是人类世界中最为基本的目的与本质所在。因此，功能要具备适宜性，功能的目的性是产品的设计准则。

那么功能目的是否存在误区和误解？如时下的多功能集合体、功能至上、功能唯一、甚至是无功能即是不好的等设计观点是否需要修正？它们的答案是肯定的。

多功能未必就是好产品。多功能产品功能的实现要看其在使用环境中的自身价值是否能够得到有效发挥。功能越多，产品的性能就会随之变得很复杂，同时这也是一种营销手段。

产品没有功能性并不代表它是没有任何用处的。仪式感有时候并不需要具备功能性。比如，随着时代的进步，很多缺少功能性的服装遭到淘汰，但是功能性差的服装未必就失去其应用的场所。对于设计或者是从艺术的层面来说，不具有功能的或者是小功能的产品不一定都是没有用的，一个物，是否有用，界定的方法是十分复杂的，需要考虑人生理、心理上的诉求。

（二）精神与情感——目的要素中的原始动力

没有功能的设计是否完全没有存在的价值，我们在之前已经简要提出了其存在复杂性。这里面的一种假设，即无功能但形式美的设计，为人们提供了精神愉悦的载体。精神与情感对美学、哲学、艺术等层面担负着原动力的责任，促进了艺术鉴赏和审美活动顺利进行，反过来，这些领域又不断给人的情感进行补给，不断丰富人类情感体验，情感将持续的存在和传承下去。在艺术设计中，带给人快乐的设计成为一个人们不容忽视的目的因素。

（三）精神与情感——设计传递信息的发动机

技术革新，时代更替，无论世界如何进步，情感的基本类型和需求在本质上是不变的，这是人类独有的特征之一。情感驱动设计的发展和演变。如今情感设计一词是多门设计门类共同的设计思想。如时下流行的民宿，在技术、材料、工艺等方面的要求并不高，但在风格、定位、气氛营造、情感体验等方面却不断提出差异化、品质化要求。一个优秀的民宿设计，可以让人和当地的物理环境、人文历史产生融合和通感，从而有效传递当地的信息，也可以激活居者自身的情感感知。

（四）身心愉悦——设计目的是生活的美好

什么是好的设计，好的设计就是可以为人们提供快乐和愉悦的设计。这里包括生理的快乐、心理愉悦、社会价值感的满足、理想的实现等。生理的快乐是人类需求的第一个层面，在艺术设计领域，最典型的就是产品消费时带来的身体感觉，比如炎热的夏天，买到的一件吸汗的上衣，带来身体的舒适感；卡通图案的车载香膏，在汽车里飘出淡淡的香味，卡通图案为驾驶者的视觉提供刺激，而香气又触动其嗅觉的感知，当汽车内部空间中，驾驶者可以同时感受到视觉和嗅觉的美好体验，会在整体上为驾驶者营造良好的车内环境，为使用者带来生理的快感，同时也带来心理的快乐。

社会的快乐和理想的快乐是人类追求的最高层次。在满足生理需求之后，社会的价值感和理想的满足感是人类的终极目标。消费者如果在设计产品使用过程中，由消费过程使自己感觉到自己的社会所属位置，比如从属于某个社会

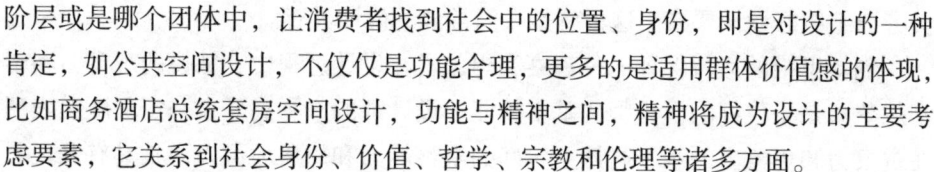

阶层或是哪个团体中，让消费者找到社会中的位置、身份，即是对设计的一种肯定，如公共空间设计，不仅仅是功能合理，更多的是适用群体价值感的体现，比如商务酒店总统套房空间设计，功能与精神之间，精神将成为设计的主要考虑要素，它关系到社会身份、价值、哲学、宗教和伦理等诸多方面。

三、思维要素

（一）创新思维要素

创新能力是设计师的首要能力，由此也能区别设计师的个人风格。创新是设计走下去的保证，虽然模仿和学习也是必不可少的学习手段，但真正称得上设计二字的，依然是创新能力。这个能力是要人不断培养的，在任何设计中设计者都要保持自己的头脑处于创新的思维层面。

1. 创新性思维的特征

一是叛逆性。从正能量的角度来分析叛逆性，可能会发现新的可能性，标志着一场新风格运动的开始。

二是前瞻性。设计的目标既要满足社会生活的合理性需求，同时还要具有一定的前瞻性，延长产品的使用时间。

三是风险性。要不断进行假设与推演，以确保产品在市场上得以存活。

2. 创新思维的类型

一是原创型。创新是设计之源，是没有参考和范本的设计，好的原创设计是设计师灵感和专业知识的集合，是将基本元素，利用新颖的手法，展开思维的想象，根据一定的设计意图创作出来的独一无二的作品。原创是设计的基本要求，也是设计师的基本素养。

二是组合型。组合即是多种元素或是成果按照一定的方式方法组合在一起，这里就不可避免地会存在一定的参考性。设计的组合按照什么原则去组织呢？答案就是按照设计主题，进行删减和选取，进而组合在一起，形成新的设计成果。

3. 创新思维的应用

创新性思维的先决条件——知识。广博而丰富的理论知识是创新的先决条件，没有基础的创新是没有根基的，只有长期的对于设计的学习实践，积累足够的坚实的基础知识，在运用中不断修正和发展自己的认知体系，当遇到设计题目时，才有发挥创新思维的敏感性，才能够及时调动储备的专业知识，以触

类旁通组织好设计要素。这也就是人们常说的设计灵感。

创新思维的运行保证——观察和想象。在设计过程中，敏锐的观察力和丰富想象力是一位好的设计师的基本技能，设计师的水平高低在一定程度上表现在观察力和想象力的水平高低上，好的观察能力和想象力可以说是具有发现美的眼睛，让平凡的设计材料不断变化，升华为具有吸引力的设计产品。这是创新思维运用的保证。因此，观察力和想象力需要不断加强和培养，这样才能产生高品质的创新性思维。

创新思维的应用——整合贯通。创新性思维的产生是综合运用各种思维的结果，是从整体上理解设计元素的特点，从全局上把握设计的基本特征，综合是最能体现设计师能力的概括，因为设计本就包罗万象，要将繁杂化为简约，找到设计的突破口，首先就需要具备整合贯通的能力。

创新思维的持久——求新的习惯。求新、求变是设计持久的追求，设计者要在每一次设计中挑战自我，求新、求变，养成如此的思维习惯，不断要求自己，才有可能在千万次的思考中提升设计的创新能力。

（二）美学思维要素

对于美的追求是人们生活审美化的当代体现。对于美的认知与思考，是关键的思维要素。

1.人为主体

以人为本，是设计学的基本准则，同样也是美学要素应用和评判的标准之一。在日常生活中，使用的产品，是否好用，是否尊重人的使用习惯、使用要求，是否强烈体现人性化原则，成了设计美学的一个重要的衡量标准。现在，自然是人生存的物质条件，人与自然的和谐、人与物的和谐，无形中体现着设计美学的很高的境界，尊崇自然的，不破坏自然的，就是尊崇人生存之本的协调美。艺术的存在只有"被感知"才会有意义，也就说艺术家所生产出的艺术作品要有一定的欣赏者也就是受众群体。艺术设计美学的主要研究内容有两个方面，一个是设计的价值尺度；二是对于作品的评价。虽然是不同的专业、不同的研究对象，但是却可以展现出同样的美学视角——以人为本，以自然为根。

人为主体谈到的是审美对象的问题，审美是社会的，更是个人的。人获得美的感受是依赖于自身的感官系统，人的视觉感知也是一种认识的过程，同时这也是一种审美心理的开始。美是审美对象与审美意识的高度统一。"正是人同现实的审美关系，决定了艺术的性质和基本特点，也决定了艺术本身的意义和价值。"关于美的感受，是可以随着人心理、生理的变化而变化，同时也会随着环境等客观事物的变化而变化的。审美是一种感觉，作为审美对象与审美意识的和谐统一，我们需要客观的认识审美对象——人，比如文人相对商人而言，在空间的感受上、喜好上，可能更加追求富有文化内涵象征的空间氛围，这种差别并非孰好孰劣，而是人的文化背景、教育背景造就的人的喜好和追求差异。尊重个人的审美差异，即有效的设计、适合的设计。

艺术设计的精髓就在于设计意境或创造，人们通过设计成果来传递出审美信息、展示审美个性。现代艺术设计就要研究美本身及受众的审美经验和心理，从而提高艺术作品的精神境界。

2. 审美愉悦

人们对美的直接感知是一种美的意识反馈，是对审美对象的反应。人们的审美感受是形象、具体的，是整体直觉的反应，包括视觉、听觉、感觉、触觉等方面。在美的体验中消费者不借用抽象思考，而是直接感受。这个要素是很具有启发性的一个关键点，即如何从设计产品建立起一种整体感官的体验机制，并运行起来。那就是注意审美的愉悦性。若设计的愉悦性脱离消费者，只是单纯关注设计师的个人愉悦感受，是无法进入市场，取得设计应该有的成果，体现设计力量的，大众愉悦的捕捉，建立在公众性质的审美愉悦，这时设计才有愉悦性可谈，这也是来源于对人所属的群体性质的本质力量的肯定。感官的感受、对形式美的知觉，在生理层面都会产生一种愉快，这种愉快不是那种理性意识下分析得来的精神愉快，而是物质物像的形式恰好符合了知觉机制，两者和谐呼应时的感性愉快。

审美活动是一种意识和潜意识共同作用的心理活动，发生时可以调动人的心理和精神力量，为人的体验创造一个可以承载的具象形式，由这个整体动力综合作用于观者。审美认识中的快乐感受虽有不同，但存在一定的联系和相似性。它们的差别是什么？这个取决于个人的审美喜好，它们存在明显的个体差异，即"甲之蜜糖，乙之砒霜"，比如同样的一件唐装衣裳，或许一些文人就十分喜爱，热衷其古典、风雅，喜欢其盘口棉麻，但或许一些年轻人则在审美方面有排斥情绪。但审美愉悦之间也存在相似之处，是因为人类的情感是相似的，比如人对于积极的、阳光的物质、产品都存在天生的好感，对于黑暗的、肮脏的、恐怖的视觉体验往往都会抵制和厌恶，对于爱的各种表达和实现都强烈地去追求等各种情绪和感受，它们是人类所共有的，这些相似的情感指引美的愉悦设计方向。

艺术设计审美是一项积极向上的价值取向活动也是使价值成为客观存在的活动，是进一步对美的事物和现象的剖析、感知、联想，乃至感同身受、判断等一系列的主观意识的活动，其内涵是领会事物或艺术品的美。艺术审美需要具备一定的审美能力，艺术通感又是审美能力中非常重要的一个部分。艺术通感在艺术的创作和鉴赏的过程中，就像一种媒介，将艺术之间相互联系、相互转化，使人的多种感官相互沟通与转换，同时促进了艺术间的相互作用、相互交流、相互带动。这它对各式各样的艺术的触类旁通，甚至是融会贯通的重要作用。

不管时代如何发展，如何进步，大众的生活方式如何改变，但大众对于美的追求不会改变，不会停下脚步，审美观念更会与时俱进并且会悄无声息地影响着大众的生活方式，而设计者作为走在时代前端的人员之一，要更好地了解时代发展走向，引领大众适应生活，更新生活方式，让现代艺术设计打上时代的印记，让美走进生活的每一个角落。

四、限制要素

（一）消费价值观

消费型社会的消费水平、消费观念、消费心理影响着产品的销售结果，设计的直接评价标准之一，即消费结果。因此，在消费社会中，设计的限制要素不得不考虑建立在生活方式和消费模式基础上的消费伦理问题。简而言之，能够被大家喜欢进而消费的设计产品，从某个角度来说，一定是好的设计。所有的设计都受到消费这个概念的无形控制。

消费社会始终有一个特征，那就是消费的符号化和概念化。如唐装盘扣在服装设计中有特定的设计符号，这个符号很好地取得了大众的认知和认可，从而促进了消费形成，虽然这一符号在不断创新和改革中，但其基本的符号特征是无法更改的，否则将无法与大众取得唐装这一共同的认知。

不同的人群消费内容、消费形式和消费重心均有差异，通过这些方面的梳理我们就会发现其很自然地将人群分成不同的阶层和群体，最简单的是老年人群体和青少年群体，无论在消费的哪个层面，他们之间都会产生巨大的不同，几乎没有重叠的消费意向。消费观左右着消费行为，也是群体和阶层的一种有形或无形的标志。自然，设计也要尊重这些现实存在的因素。

（二）环境伦理

现代环境伦理学家泰勒提出了四条环境伦理的基本规范：不作恶的原则、不干涉的原则、忠诚的原则、补偿正义的原则。环境伦理的限制是一种社会责任，是以长远的眼光看待设计问题。

环境伦理正是对人类中心论的一次抨击和辩驳，人类需求不能成为社会发展、设计取向的最高定论。绿色设计是当下对环境伦理尊重的体现。绿色设计的最大影响力在于改变整个产品的生产、使用和废弃系统，而不是改变个别产品的组成。绿色设计从发挥作用的层面来看，可以分成两种：系统性绿色设计和产品性绿色设计。

浓缩——缩小化设计，这是一种节约型的设计理念，人们通过缩小或者减少设计作品中所运用到的材料，进行精简，从而实现经济和能源节约，其同时含有一种以精细，小巧为美的审美特征。产品进行精细化的改变，不仅可以节约空间，也节省了制造材料，同样也减少了其闲置之后变成垃圾的体积。

压缩——集中化设计，它是指通过对产品功能和形式进行压缩与集中，从而在最终的成品上达到节约、便携等效果的一种设计手法。

积聚——多功能化设计，其是指多种功能都集中在一个产品当中，相互之间的关系是共生并且和谐统一的，这样不仅可以达到对资源的节约同时也会使产品的价值得到提升。多功能形式的设计原则被广泛应用，例如城市规划、建筑设计、工业设计等不同的领域，从而实现资源的节约。

（三）设计资源限制

设计资源包括设计物质资源和设计的历史资源。设计物质性资源可以被理解为设计行为中必须具备的设备、环境、人力等设施条件，也包括在设备过程中的转化、展示载体，比如服装设计展示中的灯光条件，室内空间装修设计中的物流运输等，虽然其并非直接作用于设计，但是却是设计的一个限制要素；而设计的历史资源指的是文化和历史留存下来的设计符号、设计表征等，如传承下来的某种风格和形象，比如蒙古族视觉平面中的蒙古文字、苏鲁锭器具装饰、蒙古五色的空间应用等。除此之外，文化资源还包括各种传说、故事、歌曲和话语等，图像与非图像的文化符号等。

设计资源随着时代的发展，在传播过程中因其变化、消耗而失去原来的概念，在这个过程里，资源的变化无形中注入了时代的特征，会成为刷新之后新

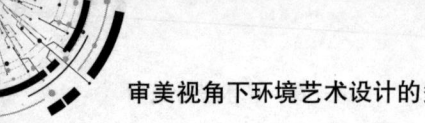

的产物。设计资源被更新、变化、整合、重组之后，以设计作品的形式表达出来，不仅在视觉表层达到统一和谐，还在表层的背后、消费行为的背后、消费心理的背后均发生了变化。

第二章　环境艺术设计的理论基础

环境一般是指我们居住和工作时的物质环境，并且在艺术想象上也给人以精神的感受。我们所熟悉的音乐，表现形象的方式是通过旋律和音阶；绘画则是通过线条和颜色。环境艺术则具有自身的特性，它是在空间和材料中生成的。下面本章将从环境艺术设计的美学规律、基本原则以及相关学科三方面，对环境艺术设计的理论基础作较为详细地阐述。

第一节　环境艺术设计的美学规律

一、美学的概念

美学是哲学的一个分支，它涉及艺术，审美的本质及美的创造或欣赏。在更为技术性的认识论视角中，它被定义为对主观和感觉——情感价值的研究，或者有时被称为情感和品位的判断。美学从狭义角度来说是研究美的理论，那么用广泛定义来看，可以说是艺术的哲学，是一个庞大的领域。这种中心意义上的美学据说始于18世纪初期，有一系列关于"想象的乐趣"的文章，根据记者约瑟夫·艾迪生在1712年的《观察家》杂志的早期期刊中的记录，在此之前很多著名人物的思想已经进入了这个领域。但是，直到18世纪由于休闲活动扩大，对美学的扩展的，哲学的反思的全面发展才开始出现。因此，当人们对关于美及其相关概念的观点进行调查之后，将会产生有关审美经验及其价值及具有多样性的审美态度的问题。而如今对哲学美学的核心问题讨论现在已经相当稳定。

迄今为止，早期的理论家中伊曼纽尔·康德是最具有影响力的。因此，要学习这一主题人们首先要了解康德是如何接近这一主题的，这一点很重要。通过他，我们可以了解到一些关键概念。

康德有时被认为是艺术理论的形式主义者；也就是说，他认为艺术品的内容高于审美兴趣的人。但这只是他概念的一部分。当然，他是一个关于纯粹享受大自然的形式主义者，但是对于康德来说，大多数艺术都是不纯的，因为它们涉及一个概念，即人们对自然的某些部分的享受也是不纯的，即当涉及一个概念时，就像我们钦佩动物身体或人体躯干的完美。但是，根据康德的观点，我们缺乏对某些植物或物象（如野生罂粟花或日落）中的任意抽象图案的享受。那么在这种情况下，认知能力是自由发挥的。通过设计，艺术有时可以获得这种自由的外观，那就是美术。根据康德的观念而言，并非所有艺术都具有这种品质。

通过概念，康德的意思是结束或目的，即人类理解和想象力判断的认知能力适用于一个物体，例如"它是一颗鹅卵石"，就是一个实例。但是当没有明确的概念时，就像海滩上散落的鹅卵石一样，认知能力被认为是自由发挥的，正是在这种戏剧和谐的时候，人才有纯粹美的体验。根据康德的观点，当时的判断也具有客观性和普遍性，因为认知能力对于所有能够判断出个别物体都是鹅卵石的人来说都是共同的。然而，这并不是理解纯美的必然依据的基础。根据康德所说，这源于忧虑的无私，在 18 世纪即所谓的不感兴趣。这是因为纯美的美无法满足我们的感情。它也不会引起任何想拥有该物体的欲望。换句话说，纯粹的美丽只会引起我们的注意。在这种情况下认识对象本身不是进一步结束的手段，而是为了自己的利益而享受。纯洁的美，无私的判断，使人进入道德的观点。

（一）审美观念

18 世纪是一个令人惊讶的和平时期，但事实证明这是风暴前的平静，因为在其有序的古典主义之后，在艺术和文学，甚至政治革命中形成了狂野的浪漫主义。在这一时期得到更多欣赏的审美概念与此相关，即崇高，这是埃德蒙·伯克在他的《关于崇高和美的哲学探究》一书中对崇高这一概念的理论化。崇高与更多的美联系在一起。伯克认为，痛苦不仅仅是纯粹的快乐，因为其涉及自我保护的威胁，如公海和孤独的荒原。但在这种情况下，正如伯克所欣赏的那样，它仍然是"令人愉快的恐怖"，因为人们被所讨论的作品的虚构性与任何真正的危险隔离开来。

崇高和美丽只是可用于描述我们审美体验的众多术语中的两个。一开始也有荒谬和丑陋。但是更有辨别力的人也会毫无困难地找到一些描述性的词语，好或可爱而不是可怕或丑陋，精致或精湛而不是粗暴或犯规的东西。

从 1959 年开始弗兰克·西布利写了一系列著名的文章，为美学概念的整体观点辩护。他说，它们没有规则或条件限制，但需要一种高度的感知形式，人们可能称之为品味，敏感或判断。他的全面分析也包含另一个方面，因为他不仅关注上面提到的各种概念，而且还关注一组具有不同特征的其他概念。因为人们可以用人类的情感和心理生活相关的术语来描述艺术作品。比如，"快乐""忧郁""安详""诙谐""庸俗""谦虚"。即使这些不是纯粹的美学术语，但它们的含义，也与美学体验相似。

（二）审美判断

美学考察了我们对一个物体或现象的情感领域反应。审美价值的判断依赖于我们在感官层面进行区分的能力。然而，审美判断通常不仅仅是感官歧视。对于大卫·休谟而言，审美不仅仅是"能够检测到一种成分中的所有成分"，而且还有"对痛苦和快乐的敏感性"，这种感受能够超越人类的其他感官体验。因此，感官判断与愉悦能力有关。对于伊曼努尔·康德（《判断力批判》，1790 年）来说，享受是感觉从快感中产生的结果，但判断某事"美丽"有第三个要求：感觉必须通过吸引我们反思性思考的能力而产生快乐。人们对美的判断是感性的和知性的。"美"与单纯的"宜人性"是不同的，因为"如果他声称某样东西是美的，那么他要求别人也喜欢他；然后他不仅为自己，也为所有人做出判断，他谈论美就像它是事物的财产一样"。

观察者对美的解释有时可能会被观察到具有两个价值概念，即美学和审美。美学是美的哲学概念。审美是教育过程的结果，是通过接触大众文化而学习的精英文化价值观的结果。布迪厄研究了社会中的精英如何定义审美价值，如品味，还有不同程度的接触这些价值观会如何导致阶级、文化背景和教育的变化。根据康德的说法，美是主观的，普遍的。因此，某些事情对每个人都是美好的。艺术要表现出来有六个必要的条件：美、形式、表现、现实再现、艺术表现和创新。然而，人们可能无法在一件艺术品中确定这些品质。

（三）审美判断的因素

大众对于审美价值的判断可能会遇到很多不同领域的问题。审美判断可能与情绪有关，部分体现在我们的身体反应中。例如，一幅壮丽的风景所激发的敬畏感可能会随着心率的加快或瞳孔的放大而在身体上显现出来，生理反应可能表达甚至引起最初的敬畏。

情感与文化反应是一致的，因此美学总是以地域反应为特征，弗朗西斯·格罗斯可以说是第一个批判美学的"美学地域主义者"，他宣称美学的反普遍性，与之形成鲜明对比的是危险的、总是死气复归的美学独裁。

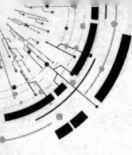

同样，审美判断可能在某种程度上受文化条件限制。英国的维多利亚时代人常常认为非洲雕塑丑陋，但仅仅几十年后，爱德华时代的观众却认为这些雕塑很美。人对美的评价很可能与欲望有关，因此审美价值的判断可以与经济、政治或道德价值的判断联系起来。在当前的时代背景下，在目前的情况下，人们可能会认为兰博基尼是美丽的，部分原因是因为它是一种可取的身份象征，或者我们可能会认为它是令人反感的，部分原因是它表示我们过度消费并冒犯我们的政治或道德价值观。

审美判断往往非常细微，反映出内部矛盾。同样，审美判断常常在一定程度上是理性的和可解释性的。对我们来说，事物的意义或象征意义往往是我们判断的东西。现代美学家断言，意志和欲望在审美体验中几乎处于休眠状态，而偏好和选择对 20 世纪的一些思想家来说似乎是重要的美学。因此，审美判断可以被看作是基于感官，情感和理智的意见、意志、欲望、文化、偏好、价值观、潜意识行为、有意识的决定、训练、本能、社会制度，或这些因素的某些复杂组合，其具体取决于所采用的理论。

审美判断研究的第三个主题是它们如何在艺术形式中统一起来。例如，绘画美的源头与美妙的音乐有着不同的特征，这表明它们的美学在性质上是不同的，语言明显无法表达，审美判断和社会建构的作用进一步模糊了这个问题。

（四）审美普遍性

哲学家丹尼斯·达顿确定了人类美学六种普遍的特征。

①专业知识或精湛技艺。人类培养、认识和欣赏技术性的艺术技能。

②非功利性的乐趣。人们欣赏艺术是为了艺术，并不要求它能给人们带来物质上的满足。

③风格。艺术作品和表演满足构图的规则，使它们具有可识别的风格。

④批评。人们重视对艺术作品的判断、欣赏和诠释。

⑤模仿。除了一些重要的例外，如抽象画，艺术作品多模拟世界。

⑥特别的关注。艺术从日常生活中分离出来，成为一种戏剧性的体验焦点。

托马斯·赫什霍恩等艺术家指出，达顿类别有太多的例外。例如，赫什霍恩的装置刻意回避技术精湛。人们欣赏文艺复兴时期的圣母像是出于审美上的原因，但这类物品往往具有（有时仍然具有）特定的虔诚功能。

二、设计美学

美学是一门讨论人与世界的审美关系的学科，它的属性是展现美，美学的本质其实也是一种属性的关系。形成美学有两个客观的因素，其中最主要的就是人，这也是美的主体。美学这个概念产生的比较早，而设计美学的主旨专注于将美学概念与环境设计结合起来。因此，设计美学也是美学的重要分支，设计美学是美学应用于艺术设计中的一个实践部分，设计美学的发展以美学为基础，设计美学同时也为美学增加了丰富的内容，促进了美学发展，两者相辅相成。

人文环境是指大众在日常生活中所处的社会环境，它将会对人的精神产生默化潜移的作用最终升华为民族灵魂。并且其是与自然环境相对立的存在，同时也具有稳定性。因此，它对于环境设计具有一定的影响。大众总是认为中国的设计是受"中庸"思想的影响，但中国地大物博，拥有五十六个民族，每一个民族及地区的环境及生活习惯各不相同，因此所反映出来的建筑形态也就大不相同。比如，北方的四合院和南方的傣家竹楼。

环境艺术设计是人类以现实环境属性条件为基础，以美学内涵和审美要素为依托，全面提升实体环境的美感和实用性的创新实践活动。它需要前期科学理性的分析与工程技术相结合，同时需要结合美学原则来体现艺术性。设计美学作为体现美学规律的载体，基于美学之上，它是探索设计领域中美学问题的应用学科，立足于美感认知的基本规律，着重研究设计的本质和审美规律、设计形态、设计的形式美感和审美心理。我们正处于一个变化万千的时代中，设计理念也要随着时代变化而相应地做出改变，同时设计的理念对于环境的影响也进入了大众的视线并且被广泛讨论。

在环境艺术设计中，设计美学的应用是十分普遍的。它是自然科学与社会科学、科技与艺术、物质文化与精神文化相互协调、相互影响的产物。下面我们从特色性、完整性和生态性三方面进行探析。

（一）特色性

设计的本身就彰显着独特的魅力和吸引力，如果是作为特定的风格，更加能给人留下独一无二的深刻印象。一棵树、一湖水、一座山、一所建筑、一个村落、一个城市都是独一无二的存在，它的存在历史文明中体现着这个地区与地域的历史的陈迹，是无法复制的一个个的璀璨珍宝。作为伟大历史的继承者，我们被赋予了丰富的历史资源和精神文化。

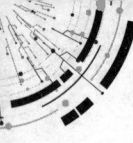

（二）整体性

明确环境整体性意识是环境艺术设计的中心内容，把环境的整体性意识运用到设计中，另外值得一提的是环境艺术设计要通过不同种类的设计手法来展现整体性理念。比如一个城市的产生就蕴含着一个完备的美学体系，这个体系由很多的元素构成，如绿化、景观小品、建筑等。每个设计单体都具有自己独一无二的特点，但是又可以很好地融合在环境当中形成一个有机统一的整体。

（三）生态性

环境艺术设计理念要随着社会环境的发展而进行转变，因此生态世界观也就应运而生，这是一种新的学科，它以现在环境科学和生态美学为研究的基础，它与过分强调自然的设计原则截然不同，它更多侧重在探索人与自然用一种最好的模式进行相处，用人与自然共存的眼睛来认证美的价值。在生态美学的理论下，环境艺术设计也可以被称作绿色生态环境设计。

三、设计美学表现形式

美学规律的表现载体是设计美学，设计美学始终在寻求解决设计领域中的美学问题，它通过设计对象与受众者的审美观念相结合，通过美学的精神展现出来，在设计实践过程中，设计美学的应用十分广泛，例如生产、科技等领域，这就进一步实现了艺术美与技术美的有机结合。

环境艺术设计最后所呈现出的结果，不仅要使空间满足人的行为需求还有其他要素，如声、光、热等工程技术层面的要求，而且要将美学的内涵和原则贯穿于整个空间设计和环境构成各要素的设计过程中。因为环境艺术设计既要通过环境来呈现出美感，同时也要用艺术的形式来反作用于环境，最终产生出一种耐人寻味的美感。同时，通过美学要素的运用和审美观的分析，为环境赋予历史文脉、艺术风格和审美取向等精神因素，创造具有独特空间特征和文化内涵的和谐统一的空间艺术。到目前为止，设计美学这种理念已经渗透到设计的方方面面，人们设计出来的作品也会从设计美学的角度进行欣赏和评论。

（一）自然美

环境艺术设计本身就是在现实环境的基础下进行创造性的人为设计，而保留现实环境所具备的真实自然美感元素，是环境艺术设计中的美学表现基础。这种真实自然美感通常是一种未经雕刻装饰的最原始也最淳朴的美感，这些自然元素含有阳光、山川、植物、水源等。自然美是环境艺术设计的美学根据，这种自然美充分同环境艺术设计相融合，并呈现出具有绿色生态的美学效果。

（二）形式美

形式美也可以说是外在的美，这种美是指在环境艺术设计创作的过程中，设计者运用不同的手法来表现出来的美。这种外在美是观赏者可以直观感觉到物体的外在属性所表现出的审美特征，例如物体本身的色彩光泽、形体状态、构成的元素、声音等，物品经过这些元素的组成会产生出很多不同的状态，例如整齐划一、有节奏韵律再或者是具有对称性，所具有这些特征的物体状态就可以被称作是具有形式美。形式美是环境艺术设计活动中的必然表现。人类在与大自然探索和日常生产生活中归纳出一个有关形式美的规律特征的体系，也就形成了可以分辨某种美感是否属于形式美的明确法则，并加以推广，同时也运用在设计中，这些法则有比例与尺度、对称与均衡、对比与相似、变化与统一等。在环境艺术设计中，对于空间的处理可以使用形式美法则，这样可以使空间富有层次感也会产生更好的视觉感官体验。这种方法可以满足受众者对于环境变化、视觉差异、触感不同的诉求。同时，一些注重装饰感的艺术品也会对环境艺术设计作品产生重要影响，因为视觉美学中的装饰特征有时间的延续性、统一的形式，简单、夸张或是象征性等特点。装饰中的美具有很强的表现力和形式感，它把视觉作为第一诉求，通过运用形式美来刺激视觉、带来视觉上的享受。

（三）功能美

从某种程度而言，艺术的创作的最根本的目的就是为了追求某种功能美。那么环境艺术设计也不例外。事物具有了外在的形式美，相对应的也会有内在美。这种内在美，我们称其为功能美。功能美指通过环境艺术设计等手段来打造的人工环境，这种人工环境具有实用功能并符合人的审美特征。它运用不同的组合方式呈现出生存环境与大众生理、心理和社会的调和。同时功能美还可以高度协调实用功能、审美功能、认知功能三者的统一，使人群进入到一个场景中对它产生独特又难忘的记忆。从某一种角度来看功能美，环境的实用功能虽然并不一定会和环境自身的功能美德形成有联系，但它所具有的实用功能可以直接影响到大众对主体的审美评价。通过实践反映出来的功能正是功能美学的本质，明确的认定美的主体是功能。现代主义产生的同时也孕育了功能主义设计，它对于现代美学和现代设计有着深远的影响，它同时开创出一种新的设计风格，使其具有简单、清晰、又符合现代审美和现代社会的特性。这种功能美可以体现出经过人为处理的环境所具有的内在美感，这也是设计者在原有环境的基础上在功能方面突破性的创造，实现了环境艺术设计从脑海中的理念变为现实的转变。

1. 技术美

技术美是基于功能美的另一种审美形式。功能美是从其本身的表现形式和功能形式来做的定义，而从审美价值的起源和形式的角度来分析就产生了技术美。技术美作为一种相对独立的审美形式，本质上归属于理性美，这一点不仅体现在科学技术的成果里还表现在科学创造的过程中。

2. 科学美

科学家对自然的认识、理解和发现，创造了科学美，揭示了自然的和谐美、内在美、深层美、感性美等多方面的内涵。在设计过程中，技术的应用要以严格的科学性为基础，因此技术美常常被视作科学美来讨论。事实上，技术美更侧重于物质的创作过程，同时也因为一些世界设计流派的极力探求，技术美才被更多人认识和理解，使技术美不仅仅是形式美的载体，而是一种具有独特评价标准的美学语言。

3. 文化美

在环境艺术设计的过程中，不仅是对环境现状的调整更新，同样也是对环境周边的事物与环境更加协调而进行的推陈出新。我国地大物博，不同的民族，不同的地域都有其自己的特色，我们要在尊重原本的民族特色的基础上，加入新的元素，使其更符合当今的时代特征。同时这也是一种文化的交流与弘扬。例如，内蒙古地区的蒙古包，研究者一直致力于在保留蒙古包特色的基础上，寻求一种使用更新型的材料，更加便捷的搭建方式来服务于牧民。在这种设计中，我们能够掌握更多的民俗文化，同时也呈现出了设计中的文化美。这样的美学要通过不同的文化才能相互碰撞产生火花。

4. 材料美

材料作为环境艺术设计中表现的重要形式要素，也同样也承载着传递和转化审美信息的重要功能。材料美学所要研究的首要问题就是材质美、色彩美和运用美，它们相互联系统一必然会展现出材料的无限魅力。在环境艺术设计的过程中，设计者需要综合考虑应用材料自身的色彩配比、组织结构和肌理质感等方面的属性，选择与设计理念、影响视觉感知相符合的材料，并运用对其直接构造的调配及表面材料质感和肌理的比较，提升环境空间的视觉美学效应，

使材料在设计作品中不仅能够发挥使用价值，更能够体现审美价值。

四、环境艺术设计的美学特征

（一）环境艺术设计

环境设计也称环境艺术设计，是一门新兴的艺术设计门类。它涵盖的学科十分广泛，主要是由建筑设计、室内设计、公共艺术设计、景观设计等内容组成。我们也可以将其广泛的定义为除平面设计和视觉传达设计以外的其他设计门类都属于环境艺术设计。环境艺术设计以建筑学为根本并且有其独特的注重点。和建筑学相比，环境艺术设计更侧重建筑室内外及其周边环境的艺术性营造；与城市规划相比较而言，环境艺术设计则侧重规则中细节的完备与实施；与景观设计相比，环境艺术设计会更侧重部分与整体的关系。环境艺术设计，我们可以从字面的意思上来理解，是"技术"与"艺术"的结合。环境艺术设计可以解释为用艺术的手法来处理建筑内部和外部的环境整合、改造的活动。环境艺术设计的本质是追求为大众打造出更加舒适、美观、节能同时又符合心理诉求的空间，同时也为大众提供一个合理、实用的场所。环境艺术设计寻求的是更符合大众诉求的空间，因为大众的物质生活及其精神世界是十分丰富又复杂的，也是一个多方面、多角度、动态的群体反映现象，所以要满足大众不同类型的需求，这就使环境艺术设计成为一门多角度多维度覆盖面广但又有边缘性的综合学科，也是一项系统工程。

（二）环境艺术设计的本质

环境艺术设计是对生活方式的设计，是艺术与科学的统一。一切设计都是为了使人类生活得更加舒适美观而服务的。实用功能是环境艺术设计的目的之一，也是评价一个环境艺术设计作品的好或坏的标准。环境艺术设计不仅要做到有实用的功能，还要有美感，符合审美的程度。这与美学密不可分，其表现形式为自然美、形式美、功能美、文化美、材料美等。同时，环境艺术设计的发展阶段，在时代背景下及其他艺术形式的影响下，它可以分为手工技艺时代、机械记忆时代和计算机辅助技艺时代这三个阶段。环境艺术设计是人类生产生活的一种行为，也是感性与理性的统一。

分析感性就要从创造性的角度出发。根据科学研究分析，人的创造活动离不开思维与想象。环境艺术设计的理性则指，在设计过程中建立适当框架，对其历史与构成进行深入了解、分析，最终进行梳理与归纳，使环境艺术设计体现出秩序感与合理化的特征。环境艺术设计应当具备感性因素与理性因素，并且二者高度统一，这些都是建立在艺术和科学双重性的认识基础上的。另外，人们对于一个具体作品进行审美感知和审美判断时，也是感性与理性的统一。

环境艺术设计的成果是人类文化的产物，是物质与精神的统一。不同的时代背景、民族、经济模式、社会属性会产生出不同的环境艺术设计。设计的理想状态并不是人类去破坏自然、榨干资源，而是尊重自然、改造自然，使人类与自然和谐共处，并且为子孙后代的生存和发展奠定良好的物质基础。

（三）环境艺术设计的基本形态要素

环境艺术设计的形态有由点、线、面、体构成的空间，另外还有色彩、光、肌理与质感、嗅、声音等因素的组成。

1. 空间

空间是环境艺术设计中主要的设计对象，是设计得以实现的真实反映，设计者也是通过空间与人产生思想碰撞和语言上的交流。可以说，环境艺术设计，就是处理人与空间环境、自然的关系。

空间的类型分为以下几类。

（1）物质空间（相对空间）与纯粹空间

空间中可以存在各种各样形态的物质，那么这种物质是可以填充的，将这种物质填充在空间中（忽略其他因素），这种空间就可以被称为物质空间。那么，物质空间是指被物质即时占据的空间，我们称之为相对空间。与之相反，在某一时刻没有被任何物质占据的空间就可以说是纯粹空间。物质空间与纯粹空间组成了绝对空间。这种绝对空间能够包含一切。

（2）一般空间与具体空间

空间是无界的，可以包容一切的物质。没有数量规定，没有长、宽、高三维因素的限制，这样的空间就被称为一般空间。与之相反的，有具体数量规定的，有长、宽、高三维因素限定的空间，就叫具体空间。

（3）积极空间与消极空间

在《外部空间设计》中，芦原义信将"能满足人的意图和功能"的空间称为积极空间。消极空间是相对于积极空间来说的，不具有绝对性。在设计中，积极空间能给人愉悦的心情和美好的感受。而消极空间因其不可控性与无计划性，可能会给受众带来无计划感。但是两种空间可以相互转化。

（4）有形空间与无形空间

有形空间是指人们可以观测到的客观世界或者是人类活动，例如地域空间。无形空间是指那些无法直接观测，但是客观存在的，例如经济空间、社会空间。

2. 色彩

色彩是环境设计形态的构成要素之一，它对人体的感官及心理都会产生影响并做出反应。就环境艺术设计的角度来说，色彩不能独立存在，而是要依附在形体或者由光的照射所存在的。色彩对人的心理会产生巨大的影响，环境中的色彩问题可以说是色彩学上在环境艺术设计中的应用分支，人对色彩的感觉取决于色彩的三要素，即色相、明度、纯度。它涵盖物理、心理、生理三方面的内容。

另外，色彩在环境设计中不仅要遵守色彩对比及其他规律的原则，它的表达也要受到一些因素的限制。要综合考虑具体的位置要求、环境要求、功能要求、地域性、民族性文化习俗，还有受众者的对于生活和心理上的诉求。

色彩还具有时空性的特点，具有较强的流行性，时代不同、地域不同，色彩运用就会产生较大的差异。

3. 光

光作为照明在环境中大致分为自然光和人工光两类，自然光主要是指太阳光源直接照射或经过反射、漫反射、折射而得到的。人工光最主要的形式为灯光照明。光在设计中要考虑的因素如下。

①空间环境因素。其包括空间的位置、空间构成要素的形态、质感、色彩等。

②物理因素。其包括光的波长和颜色、受照空间的物体形态、空间表面的反射系数、平均照度。

③生理因素。它包括视觉的工作，视觉内效、视觉疲劳、眩光等。

④心理因素。它包括照明方向、明暗程度、静与动、视觉感受、照明构图与色彩效果等。

⑤经济和社会因素。它包括照明费用与节能，区域安全要求。

（四）环境艺术设计中的美学特征

1. 自然化和人为化

环境艺术设计有着对自然环境进行更新的方案和手法，但是对原始的环境有着很强的依赖性。即使这样，环境艺术设计还是要在多方面体现自然化的美学内容。一方面，环境艺术设计的立足点就是对于自然环境保护和和谐相处，因此在设计中，我们应该遵循自然环境的规律，不能主观破坏，这也是环境艺术设计中重要的美学特征之一。另一方面，相对自然化的美学特征而言，人为化的特征也值得关注。在环境艺术设计这一个活动中，人的思想占据主体，一切活动都是由人而产生的，设计者要在此基础上进行独立思考并对周围环境进行改造更新，使其具有艺术性并具有美感。这种人为化的艺术性的美感是环境艺术设计过程中所产生的必然结果，这样的美感可以体现设计者的美学素养及文化底蕴，这也是环境艺术设计的最终美学特征。

2. 整体化和多样化

环境艺术设计的整体化和多样化体现了环境艺术设计的系统性美学特征。环境艺术设计源于环境，又直接通过环境来表现。在这样的完整系统中，有着不同形式的组合方式和对应产生的美学效果。从整体上看，环境艺术设计拥有完备的美学体系和恰当的美学形式，整体上表现出一种外在式的美感，也有着秩序化的内在美学效果。但再从细节上看，环境艺术设计的体系中，各个构成因素又有其各自的独一无二的美感，例如色彩带来的美感、材料本身的质感形成的美感及构成因素的排列形成的节奏韵律的美感。这些多样化的美学效果，兼具了个体之间的美学差异性和整体化的美学统一性，二者合理结合在一起让环境艺术设计由内到外、细部到整体，都更加有表现力。

3. 实用化和审美化

环境艺术设计的审美化满足了大众对环境品质的诉求，并且也满足了人们精神上的审美享受，这种精神上的愉快享受可以体现出人们心理的真情实感。但是这种美学感受并不会直接作用于环境，而是在会在某种层面反映出人们的主观想法。审美化这种美学特征和实用化恰恰相反。这一特征表现出环境艺术设计并不仅是供人们观赏的艺术作品，而是也具备了某种实用性的美学价值。实用化的重点是其在现实中的发展，它同样也是环境艺术设计美学特征的表现形式。同时，这也是美学与现实世界连接的手段。将环境艺术设计中的审美化及实用化有机统一起来，可以更好地展现环境艺术设计的美学特性。

五、环境艺术设计的美学价值

环境艺术设计自身就有其独到的美学价值，而且环境艺术设计过程中会产生再现真实的美学价值的效应。但这种真实的美学再现一般具有自己的特性，不会因为环境的改变而改变，而是将其自身的美学价值淋漓尽致地展现在环境艺术设计的设计过程中，同时也是指导这环境艺术设计的方向问题，并规定环境艺术设计的美学反映。另外，环境艺术设计的美学价值还表现在大众对于美学效果做出的反应上，就比如设计成果所形成的美学感知，往往是人们的审美心理所产生的结果，同人们的审美价值相呼应。这一方面反映出人们的审美需求，另一方面也反映出美学实践活动与人们的审美意识相互统一的过程。那么，从社会影响的角度看，环境艺术设计的美学价值还反映在对传统文化的处理上，当今社会发展的脚步越来越快，各种各样的文化与传统文化发生了激烈碰撞。因此，环境艺术设计中的文化美学成了传统文化的坚守者和保卫者。环境艺术设计的美学价值与多种文化理念发生了碰撞、融合并产生了火花，这种文化的交流促进了各民族、各区域的繁荣发展。大众应该以保护传统文化为出发点，取其精华，去其糟粕，弘扬并发展优秀的文化，这样可以使文化永保活力。总而言之，环境艺术设计的美学价值所表现出的意义是明确又显而易见的，并且在理论中具有指导意义同样也可以运用在现实生活中。

六、室内设计与美学具体表现

安慰与便捷几乎是我国人民心中最普遍的诉求，人们形成了理性的沉稳和感情的狂野兼容并蓄的独特生活方式。用这种想法来设计室内装饰装修，就可以参考洛可可风格。以自然、流畅、张扬又乖巧是它最明显的特征，并且将曲线运用得恰到好处，这样就产生出很多洛可可风格式的家居，这种家居在近些年的设计中受到设计师和受众者的喜爱。稳定是整体，轻巧是局部。在住宅中客流量最大同时也是最吸引人的区域是起居室也就是我们平时说的客厅。因此客厅的布置应该是慎之又慎，要注重色彩的搭配，近些年大火的莫兰迪色就是很好的选择，色彩的饱和度低，给人的视觉不会形成很大的冲击力，是一种低调的奢华。另外，还可以在小面积的地方选择高明度、高饱和度的颜色来作为点睛之笔。家居的设计和选择中，装饰的太多和色彩选择低明度的会给人心理上产生一种压力，使人心情会感到压抑；过轻又会让人觉得轻浮、毛躁。因此要注意色彩明度、饱和度的选择，家居及其他装饰性的饰物要注意形体的选择，整体是否协调、美观等问题。

节奏与韵律是彼此相辅相成的统一体，它可以是美感表述的语言，也可以是设计创作中灵感的展现。设计者可以根据形体大小的不同、虚实相互交替、组件排列方式、面积的变化、长驱直入的穿插等形式的变化组合来形成一种节奏和韵律。具体的手法有，连续式、渐变式、起伏式、交错式等。生活中我们常见的楼梯就是体现节奏与韵律很好的例子。楼梯可以应用在各种空间、场所当中。例如在幼儿园这样的场所中，受众绝大多数都是幼儿，他们天性活泼好动，喜欢曲线形状的东西，因此可以选取旋转楼梯安排连接处，因此旋转楼梯是盘旋而上的，正符合小孩子心理状态。有的楼梯是直上直下的，有一种严肃感。适用于政府办公楼，或者是公安局、检察院、法院这样庄严和神圣的地方。但同一个空间当中虽然可以运用不同的节奏和韵律，但在小空间中却不适宜这样的繁多的处理手法，这会使人有一种压迫、烦躁的感觉。

我们这里提到的联想，是指大众根据所观察到的事物之间的某些联系并由此产生的心理反应及思维过程。联想也是联系我们能所见即过去所见所体验的事物之间的联系和桥梁，它帮助我们加深记忆，同时又会有更加开阔的思维，从而产生审美情趣。联想的内容都是已经存在的客观事物、是大众所认知的物质，运用比拟的手法，通过联想将抽象的思维活动与具体物质相统一。在室内设计的过程中，设计师可以尝试运用这种手法来获得新思路。但值得注意的一点是，运用比拟和想象的手段，不是单纯的天马行空胡思乱想，它所形成的空间应该是受众曾经真实存在的场景或者是十分向往的生活。

家居设计中有很多的风格，例如洛可可风格、地中海风格、北欧风格、现代极简风格，这些风格的形成原因有很多，有些是地域特征形成，有些是时代背景所影响，复杂又综合。另外，在设计中设计者还会根据受众者的喜好及心理诉求进行调整。但是不管是什么样的形成方式，在设计中首先要确定好一种风格，一个立足点，这样才可以开展后续的工作，并对成品有所期待。若想单纯会让人感动，让人留恋。那么在家居的装饰上，就是会形成一种简约、清新的氛围。如果在卧室选用木材作为主材料，那么大量的使用木材料或者木色的漆料，加之用绿色植物点缀，使之更好呈现出原始、自然、纯粹的感受，使使用者仿佛置身的在大自然当中，心情放松。因为在大众的心理，总会有一种追求朴素、纯粹、未经雕琢的空间感受。如何营造这些气氛都与美学规律息息相关，艺术是了解生活并反映于生活的一种媒介，因此这些规律被环境艺术设计广泛的应用。环境艺术设计与美学理论相辅相成，息息相关，二者密不可分。

七、环境艺术设计人才需要具备的美学素养

设计者的思想会受到来自很多方面的影响，例如社会背景、地域特征、民族风俗习惯及时代精神，因此人们对于审美标准各有不同，但我们综合各方角

度进行提炼，可以得出一个相对普世又具有统一性的审美体系。

审美标准一般分为两类。一种是个人审美，个人审美大多数都会受到来自社会因素的影响。另一种是社会审美，这种审美一般会由一些对艺术设计有敏锐的觉察力的专业人员来引导。为了让大众能享受到符合自己的审美标准及有美感的艺术作品，作为设计行业接受审美信息最前端的设计者们，就要不断的接纳更多的信息，开阔眼界，提升审美高度，从而影响到大众的审美发展。

（一）环境艺术设计者应该具备一定的广度

接触美学就要做好一个接纳广泛知识的准备，要有一个广阔的眼界，不能只关注自己专业相关的知识，不然人们所获得美学体系是一个不完整、残缺的美学体系，更不会将其完善的应用。一个合格的设计者所做的都是创造、改造更新的活动，因此对于这类型人才的发展，应该在素质与能力等方面更多的关注，了解更多的信息，这样才能创作出适应社会，别出心裁的作品。这种美学修养的形成，要具备海纳百川的心态，以这种心态接收周围事物的信息，这样才能有所突破。但我们在不断向前发展的同时，不要忘记我们优秀的传统文化，我们还应该深入的了解传统文化，具备丰富的文化底蕴。地域文化中独一无二的地理环境因素，是在设计中首先要考虑的因素，因为不同的地域环境造就了不同生活习惯的民众，所以在设计中，我们应该充分尊重他们的习惯。分析那些被大家所接纳的设计作品，从而可以发现，这些作品中都会含有一定的文化符号，会明显反映出宗教、习俗、历史、地理环境等特征；或者表现出现代与传统的碰撞；地区与世界的联系，充分表明了环境艺术设计的魅力。设计者的职责不只是设计出优秀的设计作品，更加主要的指责是继承并发扬传统文化，进一步的扩大环境艺术设计的内容。

环境艺术设计是利用现有的自然环境进行再创造的活动，设计人员将会对审美理念分析，并用色彩、形态、材料等手段呈现出来，进而影响人们生理、心理上的变化。沙里宁说："让我看看你的城市，我可以告诉你这个城市居民在文化上追求的是什么。"环境艺术设计还会涉及城市中的景观小品的设计，这些景观与大众的生活也息息相关。一个城市的印象及审美品位都会通过景观小品造型来表现，想要设计出符合大众的审美情趣的景观作品，不仅要考虑环境因素还要注重居住在城市里的居民的内心向往。

（二）环境艺术设计者要挖掘美学的专业知识

了解并掌握了一定的美学知识，但是要运用到环境艺术设计中，就要深入的了解其他具体的美学知识，比如涉及景观小品的内容，就要了解园林美学；涉及室内设计的内容，就要了解室内装饰美学等。这些知识都是可以指导环境艺术设计的美学内容。另外，一个良好的设计者，要具备很强的空间感知能力，能够快速地分析出空间的形态，还要有好的记忆能力，这也是作为环境设计者应该具有的专业素质。

（三）环境艺术设计者要具有一定的创造能力

环境艺术设计是一个具有创造性的艺术活动，因此对于专业人才的培养运用了各式各样的方法，来提高他们的审美情趣，从而能够在美的角度上实现创造性的发现，有效促进环境艺术设计的多样化。其中有一项内容为解构与重构，这有一点像后现代主义风格的手法，但这正需要设计者具有一定的思想高度和思考的能力，对于设计的模式能够达到一定的解构，从而在此基础上实现重构的能力，从而获得一定的创造力，同时其与生活经验和生活体验是不可分割的。

环境艺术设计的内容里包含对自然环境的改善及对于人文社会环境的改造，尤其是对能够对大众生活习惯及生存环境造成影响的内容。而在环境艺术设计中，室内设计的人才素养和能力尤为重要。室内设计所接触的是第一线大众对于生活的追求和向往，他们要结合现代科学的社会背景下运用技术与艺术结合的手法来实现大众心中的美好愿望。人具有一种回避非人格化事物的倾向，总是希望创造一个使自己满意的环境，以使它能够在机体和心理上与环境相互协调。在环境艺术设计中的美学修养，要通过一双善于发现美的眼睛及相关积累来提高。这些对于人才的要求具有更高的标准。比如，我国提倡大力发展素质教育的过程中，环境艺术设计作为素质教育的一部分，在设计的过程中要加入个性化的元素，可以为我国环境文化建设、城市建设注入新的思想和活力。

第二节　环境艺术设计的基本原则

一、环境艺术设计的总体性要求

环境艺术设计最主要内容就是对于空间的改善，使空间满足使用者生理、心理上的诉求及期望。这个空间首先要以不破坏自然规律为原则，这就包括了，建构和改造建筑及其周围设施、大众行为习惯、自然环境等因素，同时也要符合人文历史发展的进程，尊重传统、顺应社会发展趋势、提高人们对传统文化的认同感等。对此，我们提出了以下一些具体的要求。

（一）以人为本

如今社会发展快速，信息的交流越来越便捷和频繁，但发展的过程中并不是一帆风顺的，还会存在这一些危机和风险。这就带给大众不同的选择，还有他们对于生活更多的要求和憧憬。人们一边怀念古老、朴素、原始的生活方式，因此在出行的时候，会选择一些民宿，这些民俗的装饰往往是最贴近当地的生活习惯的地方。同时人们也会追求工业社会，科技发展带来的便捷。因此，环境艺术设计出现了空前的繁荣。多元化的生活方式促使各式各样的风格流派出现，但是作为设计者仍然可以找到其中的审美信息，并加以归纳整理，寻找到属于现代艺术发展的审美趋势，如果从建筑的角度来分析，设计者更加注重感性与理性相互交织的人文主义，或者富有激情的折中主义；如果从建筑的审美角度来分析，就是审美对象转向受众；从审美经验来看，就是设计者自身的观念转向大众的观念意识。审美趋势的要求下，具体到环境艺术设计的思想就是以人为本的思想，以满足大众的心理诉求为侧重点。

环境，作为我们赖以生存的空间，环境条件的好与坏都会对我们产生不同程度的影响，环境的形成和目的都是为了人类提供基本生存和活动的场所。环境艺术设计的主体不可否认是人，人作为环境中最主要的部分，但之前的一些设计是注重环境的实体创造，而忽略了受众者体验。事实上，人类对于自然来说就是受众者。"以人为本"的概念不是片面的，不是一味强调人的概念，人不可以为了达到拥有舒适称心的空间而破坏自然，一切都要以尊重自然，遵守自然规律为前提条件。因此，我们要按照这个前提，结合受众者的需求，打造一个适宜人类的生存空间。一个全面、整体、联系的思想有助于正确的理解人的本质及人在自然环境的位置。设计，要按照人的想法和诉求、人的特点、人的生存模式、人的生活习惯去进行，随着社会的发展，现代的人，已经不满足于物质方面的追求，他们更多地开始追求一种精神上的丰富和满足。环境艺术设计也要与时俱进，及时做出调整，应该从过去关注满足人的生理上的需要，转向到对人的精神世界，心理上的满足。

强调以人为本的环境设计是相对大众而言的，人在进行各种生产活动的同时，会不自觉地进行对所处的环境进行改造以获得一个更舒服的活动空间，就好比，学生入住到宿舍之后，第一件事就是对其现有的环境进行改造，会选取一些壁纸来装饰墙面，会购置一些置物架来满足收纳功能。因此，环境艺术设计要突出人的主体参与感和使用感，要能够满足人们最基础的诉求，例如在一个室内空间内要能够保持空气流通，阳光照射。很长一段时间，我们都把设计的着眼点放在这一个点上面。但是对其周围环境进行改造时，或者是某一个街区，某一个城市设计时，都更加注重有实体事物的加入，都忽视了人的体验感，最后可能出现的局面是，看起来是一个不错的设计作品，但却有很少的人气，有很少的人去使用，这也会成为一种资源的浪费。

（二）尊重环境自在

人们为了更好的生存环境不断探索着，环境艺术设计的主张就是对现有的生存环境进行探索并对其进行改造，以寻找到一个具有普世性发展规律，又具有高水准的空间。如果我们追溯到人类文明的发展史，就可以看到人与自然经过多少次磨合，曾经人与自然的相处模式是一味索取，到后来了解自然，适应自然，再到后来是的人与自然和谐相处。由此我们也可以看出来环境艺术设计的思路发展进程，从被动的适应，到主动改造，到现今的积极创造，从满足单一基础的生存需要，到复杂功能的满足，从对于基础生存的物质需求到对于精神世界的关注。虽然人们都居住在同一个城市里，但安全的问题也是值得人们关注的。人们尽可能运用高科技的手段和材料，建造起看上去规整有序，清洁的钢筋混凝土丛林，就像勒·柯布西埃说过的那样，"房屋是居住的机器"。城市就好像是一个有着巨大容量的机器，人们就好像是在机器中的零件，不停运转着，生活在严谨的程序中，失去了原有的自然天性。人还有另外一个属性，就是自然的属性。如果我们忽略了这个属性，那么人的一些天性就无法得到释放，心里的情绪就不会完全得到宣泄，整个人的状态就不会得到很好保持，因此常常会有负面情绪产生。由此可见，人们更高层面的精神、心理、生理上需求愈加强烈，这也是社会需求，更是自我价值实现的需求。

科技发展，会推动社会的进步也会增加社会财富收入。我们应该可以感受到，科技的进步对人们生活方式的改变，使我们的生活越来越便捷，沟通越来越没有距离。同时，人们的文明文化也得以提高，大众自身的素质提高也会影响到环境的改善。但在发展的过程中，也遇到了前所未见的问题，人们好奇心也越来越严重，最原始的自然环境在逐渐减少。现在我们可知的自然环境，绝大多数都是已经经过人为处理的。城市聚落属于人类居住环境的一部分，人们对于环境是占据主导成分的，是最敏感的生态环境之一；在一个城市中，有大自然赋予的自然环境，也有人工创造的事物。为了加速城市化进程，建造满足各种功能的建筑，连接的桥梁、交流的道路等交通设施，即使建造的目的是积极的，但却也在不经意间对大自然产生了压力甚至是破坏。但自然自身的调节能力是有限并且是需要一些时间限制的。就比如说是我们在日常生活产生的垃坂、吃完饭打包的餐盒，即使用了可降解的材料，如果需要完全分解则需要很长的时间。

人们为了自身拥有更加舒适的生存空间，可以对自然进行利用和改造，甚至是创造环境，但我们所做的一切活动都不能凌驾于自然之上。荀子认为："天行有常，不为尧存，不为桀亡。"我们曾经羡慕工业革命所带来的城市发展，民众生活的改变，人类由此进入了一个新时代。但我们却忽略了，科学技术进步的同时，给环境却带来了不可逆转的伤害。正如恩格斯所说的那样："对于每一次这样的胜利，自然都报复了我们。"

恩格斯指出："自然的历史和人的历史是相互制约的。"这不仅反映在对城市空间的控制和规划上，也体现在名胜古迹，古城、古建筑的保护与更新上。我们如果遵循自然的规律进行更新改造，与自然和谐相处，那我们就可以感受到大自然对人类的友好，也可以继续利用大自然的馈赠，这会使我们建设的空间及场所都更具合理性和可持久性，在古建筑的方面，也会更科学的方法，使其有机的生存下去。

环境是一个客观的自在系统，它有自己的特点和发展规则，我们应该对其尊重，而不是随意改变。况且，我们自身就带有自然属性，也处在大自然当中，是自然环境的一部分，我们与其他元素一起构成了有机的生态圈。人类破坏了自然，也就等于破坏了自己。自从有了人类社会，人类为了改善生存环境，开始了对自然的利用和改造，早期的人类生产活动因为科学技术限制，只能在有限的条件下进行创造，随着科学技术进步，人们发现了大自然中丰富的资源，并对其无限开采，大规模的建造人工建筑，将自己的思想都变成实物，强加在自然中。这样的行为，不仅破坏了自然环境，打破了生态平衡，也不同程度上受到了大自然对人类的报复。那些使我们付出惨痛代价的教训，不应该被遗忘，我们更应该痛定思痛，及时调整与自然相处的方式，与自然和谐共处，遵守自然的发展准则。环境是一个复杂但却完整的生态体系，各个元素互相牵连互相制约，某一个细部发生改变就可能使整体都受到影响，用"牵一发而动全身"来形容再合适不过了。从另一个角度来看，人类的科学技术手段已经发展到相当高的一个层面上，但是对于自然环境，人的科技能力还远远不足，只有人与自然和谐相处才是真正尊重自然，这一点，早在我国两千多年前的历史上就有人提出过"天人合一"的观点，这种观点是值得我们借鉴并传播的。除了对自然环境的保护外，我们更应该注意对历史文化遗产的保护，我国上下五千年的文明，为我们留下了很多宝贵的文化财富，比如古建筑、墓穴等。即使这些距离我们已经年代很久远，有的还未经保护就已经成为废墟，古迹的复原是十分难进行的，这些古建筑即使破败不堪，但是却有独特的历史感，因此我们要注意对历史环境的保护问题。现今很多人为了获得经济利益，开始对古城进行开发，如我们所熟知的平遥古城、丽江古城。尤其是丽江古城，人为破坏很严重。因此，我们对自然环境和历史环境投入应有同样的重视，尊重二者自身的发展规律，这也是环境艺术设计能够发展下去的前提，以下的原则都是在此基础上建立的。

（三）科学、技术与艺术结合

环境艺术设计的作品应该反映出当今科学技术的水平和大众的审美情趣追求，将理想与现实联系起来，使二者共同存在同一个环境中。理性占主要成分的科学技术与感性占据更多的艺术，彼此的关系是相互制约，又相互促进的，技术在一定程度上可以改变艺术的呈现形式，就像当今最热门的 VR 技术，可以将室内设计作品导入到 VR 当中，使体验者可以置身于设计的作品当中。同时技术又在一定程度上限制了艺术的形象创造，艺术的形象最终是以实体的形态呈现的，因此需要借助科学技术手段来实现。就像在古代的建筑空间中，柱子之间的跨度是非常小的，从而会在一定程度上制约着空间排布，但在现代空间却不一样，可以使用新材料，新结构理论使得空间自由排布。建筑大师勒·柯布西耶在萨伏伊别墅中的设计手法刚好开创了新的设计理念。再到现在，可以容纳万人的体育场，看不到柱子的也已经很常见，这是因为现在薄壳结构、桁架结构已经应用得非常广泛。

艺术是在技术的制约下进行创造的，但创造的艺术形象，应该是符合功能、审美、社会等要求的，并且也要符合科技规律。但在实践中，艺术也不会一定受制约，艺术有时会反作用于科学技术。艺术也会促进科技的发展，就像在悉尼歌剧院的设计中，当时的技术手段是无法满足建造条件的，这样的情况也出现在我国在 2008 年奥运主会场鸟巢的建造中，但通过设计师和结构师的不懈努力，最终设计作品得以成功问世，同时也使技术得到进步和提高。设计的独特的造型是我们在设计中所追求的，技术是实现的手段，是艺术的强有力保证，科学技术与艺术紧密联系，在设计中不能单单考虑其中的一方面，应该是有机的统一结合。

二、环境艺术设计的基本原则

（一）系统和整体原则

环境艺术可以看作是一个大的系统，而它又由自然和人工两个系统组成。自然系统的形成包括地形地貌、植物山川、气象气候等，而与自然系统相比，人工系统就显得更加多样化。它不仅体现在人类吃穿住行各个方面，还渗透到了人类精神领域中，是一个虚实结合的系统。因此，系统观念和整体的观念是构成环境设计的必要条件，局部组成了整体，但在我们的视觉认知规律中，不同局部之间的累加却不能等同于一个整体。关于这条理论的阐述在格式塔心理学理论中有提到，人们对于一个物体的形态认知，并不是此物体的轮廓展现出的形态，或者说表现形式，而是观察的人眼中所形成的一个具有高度组织水平的整体。

格式塔心理学的奥义在于"整体"的概念，其具备以下性质：首先，一个事物的整体并不能简单地看成是它每个个体的总和；其次，事物的整体不会随着其每个个体的变化而不存在，比如一个外轮廓有残缺的圆形，在人类视觉的影响下会自动将其看成一个完整的圆形从而保持事物的整体性，一个三角形不论它的朝向是怎样的，人们都能清楚的认知这是三角形。环境艺术所追求的整体效果，并不能说是各类要素的单纯累加，而是各类要素之间的相互作用，彼此协调，彼此加强，互为补充的综合反应，这是部分与整体间的有机联系。环境艺术设计作为一个整体，可以从两个角度看，一是客观存在的环境整体，包括人类赖以生存的基础设施；二是艺术整体，包括人文科技等因素构成。两个整体结合是对环境艺术整体最全面的阐述。环境艺术是系统的、整体的，并且拥有不同功能的单元体组成了它，每一个不同功能的单元体都有不同的功能语意，正是这些不同的、功能众多的单元体的连接与组合，才诞生了一个庞大且繁杂的体系——有机整体，在环境艺术设计中有一条重要的原则就是整体意识，人们对于整体的考虑必须运用进具体的设计里，在进行思考时要联系着看待整体和局部间的关系。在环境艺术设计里要注重整体的规划思路，在具象的实体元素以外，还有大量的思想、意识当面的理念会涉及，物质与精神的大融合正是环境艺术所体现的，进行整体的考虑是必要的。在中国古代环境设计中，周边的环境营造与融合是其注重的要点，从中我们可以看出环境设计的整体规划思想。

依照格式塔心理学，环境艺术最终带给人们的整体效果，绝对不是各个不同的要素简单累加在一起的结果，各种要素之间的补充协调和互相加强的综合效应就是面，它的重点就在于强调整体概念和各个功能体间的有机联系。人的精神载体和情感载体就是这些各部分的功能体，它们通过协作，更好的渲染了环境的整体表现力，从而形成某种气氛，更好地将信息传递给人们，这是一种与人们进行对话的方式，也是表达情感的方式，这样人们的心理需求将得到最高程度的满足。因此，有关于环境艺术的美学评判，重点是在于环境艺术的整体效果，而不是各个美的部分的机械累加。各部分组成关系的和谐形成了整体的美，整体性是环境艺术在当代的追求，这也是环境艺术要素之间如何和谐组成的追求。

譬如，在美国得克萨斯州的威廉姆斯广场就是城市环境之中开放型空间的代表。威廉姆斯广场中的仅有的景观是坐落于广场正中央的奔马雕像，其主要的表现意义是纪念西部开发的传统，这组雕塑的原型可追溯到早期西班牙人在美洲探险的历史，人们通过这样的雕塑来纪念西班牙人把自己的生活方式带到了西半球，活灵活现的奔腾马匹的形象是得克萨斯现代文明的先驱们创业精神的体现。这处关于环境的设计思路，是希望以个性鲜明的形象体现场所、城市与地方的文脉关系，与此同时可以兼顾广场的自身标志性。这个广场的环境上的处理有两个重点：第一是希望创造一个群马奔腾渲染强烈氛围的环境；第二是需要阐明奔马历史发生的地点，也就是当地的地貌特征与气候特点。凑巧在广场旁不远就有一潭湖泊，也正因为如此，将水引入景观便有迹可循了，水的引入可以很好地形成一种落地马蹄"踏出"飞扬水花的样式，这样便使奔马造型的合理性形成了，而这组雕塑采用了褐色、黄色相间的花岗岩，做成了雕塑背景、地面铺装，借此表达辽阔且干燥的沙漠平原的景象和地貌特征。在这组雕像的塑造中，背景意义与雕塑完美融合，假设主体物——群马塑像脱离了背景的塑造，便丧失了它的背景含义，若是背景环境没有依附于主体，就失去了意义。

当代环境艺术设计，自然和人工因素要合理运用，使其有机的融合起来，局部构成整体是整体和谐原则最重要的部分，拒绝局部之间的机械叠加，不仅要做好局部，与此同时要具有一个总体且和谐的设计理念。再从更高层次上看，整体规划这一原则在环境艺术里，更需要彰显人与环境的融入和共生，两者需做到相得益彰。

（二）尊重民众、树立公共意识的原则

环境艺术的审美价值，已经转化成情理兼容的新人文主义，而不再是以往的形式追随功能的现代主义。审美经验也转向社会大众的群众意识而不再是设计师的个人的自我意识。在现代艺术运动前期，在对待业主方面维也纳分离派仍是如同粗暴的君主，希望业主们对其唯命是从，密斯和业主陷入无尽的争吵只为坚持自己的设计原则。而如今，在消费时代下建筑活动也成为人类消费的一个组成部分，与摆放在货架上的商品别无二致，大家可以依据自己的喜恶进行自由选择。使用者的积极参与，使得现代设计的文化更为民主。

　　从现代环境艺术的诞生之初，它的民众性就得到了人们重视，不论是不是出于对经济利润考虑的初衷。社会到如今的发展，出于为大众利益着想，同时也是为了大众服务，人们应当已经形成了共识。如今是一个消费时代，设计师不该做强加于人的设计，不应以自己的意愿为中心，而应更尊重社会大众的意识，根据公众的选择去做设计。站在使用对象的角度，环境艺术设计更多的是为了迎合公众，为了使用者所做的设计，因此听取公众的建议，征求使用者意见是必要的，设计师和使用者之间的关系应当是作为设计师要明确不应迎合使用者的一些庸俗低级的需求，设计师应当拥有比公众更高的审美和更广阔的眼界，给予公众正确的引导，将高质量的设计方案向公众推广。当代的社会环境更多的是服务于公众，因此强烈的民众意识是必要的，"公众参与"应当是实实在在的行动，而不应只是一句口号，应当是实在的行动，这是人们对于民主意识的重视，是如今社会所应当强调与传扬的。虽然在当前仍有许多不尽如人意的方面，民众意识的被忽略与长官意志的现象依然存在，但是作为设计师却不该盲从，应当尊重公众的意愿，将民众意识树立起来，这同时也是当代环境设计原则其中的一条。比如，20世纪80年代，贝聿铭受邀扩建卢浮宫，为了迎接法国两百周年的大庆。这个方案一经出台，便引起轩然大波，所有的巴黎市民甚至是所有的法国人，都认为他们对卢浮宫扩建计划应当有责任发表自己的意见。一时间，报纸的消息沸沸扬扬，每个人都愿意发表自己的见解。《费加罗报》一项调查公布，百分之九十的巴黎人对卢浮宫修复的计划表示赞成，然而也有百分之九十的人反对建造卢浮宫门前的金字塔。这场围绕金字塔展开的"战役"绝对不仅仅是关于卢浮宫进行的一场无所谓的争执，它已经演变成有关于法国的文化未来的哲学争辩。法国人都将自己视为审美方面的仲裁员并为此感到自豪。全部的巴黎人孤傲的认为，贝聿铭对新古典主义的卢浮宫的建筑改动绝对不仅是一种侵扰，它更是对整个法国特色甚至于法兰西的民族精神的侵犯。然而巴黎市民们最终还是接受了他的扩建方案。贝聿铭这个方案并没有体现那种所谓的"现代主义玩艺术"的性格，与此相反的是，这是一个可以

完美适应这样一个群体建筑的概念。

意识民众性地提出，是针对公共环境艺术及国内目前的环艺设计现状。但是目前并没有多少公共空间是公众真正参与得出的结果，现在的大部分环境艺术设计依然是个人喜好或是领导意志的产物，因此这些空间一般都脱离了它最广大的使用者。如今我们应当意识到公共环境的存在是为公众服务的。此处，我们设计师的服务对象是大众，不管是在室内还是室外环境里，应当保障对最广大所有者们的服务，还有与他们进行沟通。

（三）形式美原则

形式美原则与上文中提到的设计美学的表现形式中的形式美有着异曲同工之妙。形式美原则是进行设计时的一条定律。这条定律是人类对美学规律的经验总结在创造美的形式、美的过程中进行的抽象概括。

环境艺术设计中形式美原则的具体表现形式如下。

1. 比例与尺度

在环境艺术设计中，和数字有关的规律比比皆是，而且比例和尺度是其中最为广泛应用的概念。尺度是指物与物之间的相对距离，如果把人作为一个标准，那么人与物之间就会有一个最舒适的距离。比例是一个精密的数学领域的概念，它是在尺寸大小的相同的条件下，对整体或者局部与局部比较从而寻找有关规律。

古希腊数学家毕达哥拉斯是最早发现黄金分割法的人。在木棍上找到一个适度的点画出记号，这样被分割的两个部分会产生出一定比例关系，这便是整体和较长部分之比，等于较长部分与较短部分之比。接下来，为了证明它拥有和谐、适度及匀称的特点，部分实验美学派通过实验去证明，并且将它用数学计算的方式表现出来，也就是将较短的一部分和较长部分的比定为 $1：1.618$。之后，这一黄金分割法则被用来说明人体各部分间的比例关系。并且人体的黄金分割点在肚脐上，而咽喉则是人体上部分的黄金分割点，并将膝盖定义为人体下部的黄金分割点。假设一个人体的总高度为 1.618 米，运用黄金分割的法则，其上半身按比例应是 0.618 米，则下半身是 1 米，最标准的黄金分割的美感比例便是如此。

真正的环境艺术测量标准是人，空间大小的决定性因素就是人体尺寸和人的活动。尺度感的形成过程就是，在人与空间环境进相比较时，人可以获取事物尺寸的具体感知。因为拥有比例特点，所以人的视觉在很大程度上会受尺度影响。地域差别同时也影响了尺度概念，譬如中西方在尺度运用中，表现在宗教建筑上时，西方教堂是纵向发展的，而中国的寺庙是横向发展的。

2. 均衡与稳定

（1）对称均衡

对称本身就是均衡的。对称的形式之所以能够获得统一性，都是因为中轴线两侧的制约关系是必须保持的。

（2）不对称均衡

由于对称形式受构图的严格限制，因此通常在现代建筑复杂的功能要求下无法适应，所以不对称构图的方法被当代设计师经常采用，这样拥有灵活性的生动构图形式，适应性更强。

（3）静态均衡与动态均衡

静态均衡指的是，通常在静止状态下保持均衡的对称均衡与不对称均衡形式。而动态均衡则是，奔跑中的狮子、飞翔着的老鹰以及在旋转着的陀螺。

3. 节奏与韵律

许多事物或者是现象在自然界里，通常会因为有秩序的排列、变化或者规律的重复出现而激起人类的美感，这就是一种韵律美，例如一石激起千层浪就是一种富有韵律的现象。

4. 对比与协调

在环境艺术中最常见的问题之一是如何做到设计与环境和谐及协调，人们对环境的心理平衡的诉求会在视觉环境强化和调节上反映出来。因此，在某种程度上，可以说是在平庸生活中人对自我的激励与反抗，造就了人所要求紧张的环境张力；忙碌生活里人对自我的逃避与养息，造就了人所要求的松弛的环境张力。

为了更好地适应视觉感受，在艺术的设计过程里，人们往往惯于创造与原有环境的"和"的协调。然而事实上，想要取得更高层次的和谐协调的效果，就要将一些对比的手法运用到了某些城市景观环境里，例如法国的巴黎拉·维莱特公园设计，就是以一种"重叠裂解"的明显不关联方式作为基本理念，由此产生出独特的对峙且共鸣的视觉效果，这种概念是对传统的审美原则及追求传统和谐结构的挑战与反叛，其营造的景观环境予以人们多种体验和视觉享受，并增加了景观环境的参与性和互动性。在对室内空间进行设计时，假如红色、黄色等活泼热性的跳跃性色彩作用于餐饮空间的简单分割，这对于感到疲惫，行走时间过长希望得到休息的商场购物人群来讲，这样刺激视觉的休息空间突然出现在眼前，会刺激到人们的味觉，同时吸引人群进入。

5. 变化与统一

我们都了解，在不同的历史时期，不同的朝代都有属于当时最崇尚的色彩及充满特色的服饰。我们通过观察服饰就可以了解到当时的社会状态。在某种程度上，服饰与社会状态是契合的。因此，在历史上中国不同的朝代，都有各自的时代特色。那么在家居设计中，也有与此相同的地方，而且会遵照系统和统一的形式美原则，形式美原则有变化与统一。

简单且机械的功能叠加和外观的单纯设计，并不能代表环境艺术设计，环境艺术设计是将复杂功能与环境所需元素融合在一起，换句话说，就是应当实现平立面、视觉和功能上的统一。

同时它还包含着三个原理，分别如下。

①接近原理。将变化中的部分，以时间和空间的观点来进行分析，构成因素相接近的一部分会给人一种结合感。相似的同类构成元素相结合，也能够统一。恰好这些要素的形状大小、色彩、材质都十分相似的话，就会产生强烈的统一感。

②连续原理。这个原理是与我们日常生活息息相关，随处可见的，人们往往把不同物质形态、不同色相的事物，用直线或者曲线连接起来，使其形成一个有机统一体，这样也是一种统一。

③闭合原理。将同一种形态的构成要素，彼此间隔一定的距离并且以内侧为轴进行闭合，这样可以从视觉上得到另一个整体统一的形体状态。

6. 主从与重点

在环境中，整体都是由各个要素相互协调而组成的。每一个要素都有自己的作用和地位，即使相互协调，但总要有一个主次的关系。如果设计中，每一个要素都作为重点，那么就会有一种杂乱无章的感觉。

另外，在设计中都会有一个视觉中心。当人身处一个区域中时，必须要有一个中心点，如此主次分明的层次感才能形成。但要注意，视觉中心有一个就够了。但是假如视觉中心点过多，则会使人感觉太过于松散。

不少的少数民族建筑的形成发展过程中，不自觉的会将形式美的原则应用其中，下面就以蒙古包为例进行讨论。变化与统一体现在蒙古包的外立面及造型中，同时蒙古包要与其周边相互协调，蒙古包的所选取的白色，是由多种因素所决定的，有文化因素也有自然因素。白色与天空中的白云，地下的羊群相呼应，并且蒙古包的顶毡会选取蓝色也是为了与蓝天相呼应，同样也会有人文因素的影响。稳定与均衡就体现在蒙古包的结构当中，上部较小，下部较大这样的形制更容易分配承重，同时人们会利用这些哈那（网状木栅栏）、乌乃（椽子）、陶脑（天窗）与门独特的构件，使其更具有稳定性。使其在风沙大的草原中更具有稳定性。这些构件的材料的选取，也是源自自然，以檀木、榆木、柳条为主。这些材料都质地坚硬不宜腐坏，十分适合草原气候严寒风沙大的地区。另外，蒙古包的形状无论从何种角度来观察，都是具有对称性的。节奏与韵律则体现在蒙古包的设计中，其中对于空间的基本构成要素的运用非常广泛，许多蒙古包上的装饰图案都是由点到线条再到面的，同时也会出现重复连续、时疏时密的手法，营造出具有美感的图案。

（四）可持续发展的原则

人类为了改善生存环境而开发和利用资源，但无节制的资源开发与过度开采造成了自然环境的毁坏，这对人类自身造成的损害是不可逆转的。自然资源有很大一部分都不可再生，例如煤矿、石油等。能源与自然资源也不是轻易就可以再生的，可再生资源譬如木材，也需要经过相当漫长的生长周期才能恢复。然而人类对自然资源的开采速度远比自然的生长周期要快得多，如果如此循环往复下去资源枯竭是必然的结果。另一方面，自然资源的利用和开发所带来的废物、废弃等又会对自然环境造成污染，还有废弃的产品会给自然带来二次污染，从而导致生态环境改变。需要我们警惕的是，许多的环境具有不可复现的性质，一旦遭到破坏，一部分原本繁盛的植被绿地，因为水土的流失将会演化成荒漠，乃至世界的许多国家都普遍存在着寸草不生的案例。这样的教训是相当沉重及深刻的。因此，当资源被我们利用时，我们更应当维持生态平衡，对未来的可持续发展做出考虑。我们需要在可持续发展原则上实施具体的行动，这在环境建设中具体体现在要保持大自然原本的生态平衡，绝不能肆意破坏生态，不可大面积铲除绿地及砍伐森林，同时对于建筑材料的选择也应尽量选择可再生的植物、对环境不造成污染的环保材料和能够重复利用的材料。"绿色设计"不应只挂在嘴边，要通过具体的行动去做到。总而言之，人类对于自然环境的利用与开发应当慎重对待，不仅仅是为了自己，更是为了人类子孙后代。

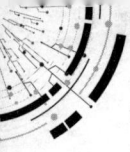

第三节 环境艺术设计的相关学科

环境艺术设计是一门综合性的学科，专业所涉及的面非常广泛，并且专业之间的交叉性同样十分明显。学生要在了解本专业的同时，还要掌握其他学科的相关信息。

一、建筑学

从宽广的角度来说，建筑学是研究建筑本体及其周围环境的学科。一般来说，按照外来语所对照的词语的本意，它指的是建筑设计本身和建造手法、技艺相结合。因此，艺术与技术两方面组成了建筑学。传统建筑学的研究对象包括建筑物本身、建筑群及室内环境设计，景观设计及城乡规划设计。随着建筑行业发展，景观设计和城乡规划慢慢从建筑学中独立出来，成为相对独立的学科。狭义来讲，景观设计研究的是建筑物周围可应用的空间资源；可供活动、欣赏的场所；设计中对空间的围合方式、整体造型、调整优化等问题。事实上，作为专有名词的"建筑学"所研究的对象不仅是单一的建筑物本身，更主要的是研究建筑物带给人们的日常生产生活需要，研究建筑物从场地调研到方案设计、方案敲定、施工等环节。建筑学应用的领域不仅是自然人，而且也是社会的人，其不单单要满足人们物质上的基本需求，还要满足人们精神上的需求。因此，其随着社会生产力及生产关系不断发生变化，并伴随着政治、经济、文化、宗教、生活习惯等改变。综合上述，古希腊的建筑以端庄、优雅、匀称、优美见长，它不仅反映了城邦制下的小国寡民的思想，也反映了当时经济的繁荣及文化艺术的品格和当时的哲学思想；罗马建筑十分壮丽，人们由此可以想象到当时罗马综合国力的强盛，统治阶级可以负担得起这样宏伟的工程；拜占庭式的教堂与中世纪西欧的教堂在形式制作上就大相径庭，因为它受到宗教派别的分离影响，所以在形制上相应的有所不同；西欧中世纪建筑发展和哥特式建筑产生是在封建生产关系影响下形成的。在封建社会中的劳动路价值远超于奴隶社会，因为封建社会剥削，材料价格抬升，所以建筑方面走向了节约的路线。虽然哥特式建筑一样是以石材为主材料，但也采用拱券形式，它利用体积小的石块堆砌成扶壁和飞扶壁，但是这种形制方法与同样用石料的罗马建筑完全不同。

除此之外，作为艺术的建筑学，也同样受到社会思想潮流的影响。这一切说明社会环境影响着建筑学的发展原因、发展历程和研究规律，因而必须涉及许多社会科学问题。建筑学是技术和艺术相结合的学科，建筑的技术和艺术二者是息息相关，相辅相成的。在建筑学的发展历程中最关键的就是技术发展，但是在一定的条件下，艺术又可以促进技术更新。就工程技术性质而言，建筑师的艺术创作是受建筑技术限制的，因为建筑艺术创作不能脱离技术的可行性和技术经济性而独立存在。如果没有几何知识、测量知识和运输巨石的技术手段埃及金字塔则是无法建成的。建筑文化总是基于当时社会可利用的自然资源和科学技术手段来创造的。随着当今科学技术不断进步，防水技术、建筑材料、防火手段、人工照明等技术不断发展，使得建筑可以向高空、地下以及海洋发展，而且为建筑艺术创作开辟了新的领域。建筑学在研究人类改造和运用自然的技术方面和其他工程技术学科相似。但是建筑物又是反映当时人们的精神和社会艺术的作品，建筑学虽然有很多的理性思考，但同时也包含很强的艺术性，从这一点上来看，这就与其他理工类学科大不相同。建筑艺术可以向大众传递美的信息，这一点与视觉传达很相似。建筑艺术也可以像音乐一样引起大众的情感共鸣，可以打造出宏伟、庄严、欢乐的气氛，德国文学家歌德把建筑比喻为"凝固的音乐"，这一比喻就在阐释这个意思。但是建筑艺术又与其他的艺术形式有很大区别，建筑的形成需要经济支持，还有工艺技术、大量的人力和集体智慧的辅助等因素。它的物质表现方法尺度、跨度非常大，是其他艺术形式无法相比的。华丽、宏伟的建筑从设计到施工再到落成，过程十分不易，但保留时间也较为长久，这也就成了建筑美学的发展相对迟缓的原因。建筑艺术还应除去建筑本身，与绘画、刻画、工艺美术、景园艺术，室内外空间艺术环境相结合。因此，建筑艺术是一门综合性的多元艺术。

建筑学的核心内容就是建筑设计，建筑设计是对建筑物进行定性的同时对其进行优化与调整，使之更符合人的诉求。它让具体的物质形象及特征依据特定的场所、空间、地区等地，呈现出最完美的状态，使其具有一定的审美功能，并且具有象征性意义。它涵盖着建筑活动中，一切具有功能及意义的设计，也是一种由感性转化为理性并实现的过程。简单点来说，建筑物对于功能的要求是相当明确的，而建筑设计的产生就是为解决这些功能问题。解决问题的办法是各式各样的，某一方法最后的成果可能超越预期，能够更符合人的心理标准，那么这个设计就是好的建筑设计。建筑设计是一种技艺，古代靠师徒承袭，口传心授，后来人们采取学校教学方式，来进行建筑设计教育，但这一门课程具有很强的实践性，只有亲身感受过，才能更好地指导并反映在设计中。建筑设计从认识上可以分成两个大类，第一是总结各种建筑的设计经验，按照各种建筑的内容、特性、使用功能等，通过实践或是查找范例，总结设计时容易遇到的问题，还有就是解答设计中遇到的各种问题。第二是探索建筑设计中的规律和技巧，例如平面布局、空间组合交通安排，动静分析，还有有关每一次的设计成果与知识理论结合。后者便被称为建筑设计原理。

建筑的历史方面研究注重的是对建筑及其发展过程研究。通过一些前辈所留下来的建筑形制，我们就可以追根溯源，从中找到设计方法。建筑理论是对于建筑与经济、社会、政治、文化等因素的相互关系的分析；探讨建筑实践所应遵循的指导思想及建筑技术和建筑艺术的基本规律。建筑理论与建筑历史两者之间有密切的关系。建筑物理所研究的范围是物理学在建筑中的如何的应用，二者如何进行调配。对于建筑设备，人们更多的是探求现代的高精尖技术对建筑所产生的影响和帮助。因此，从事建筑设计的专业人员要具备相关的专业素质。

二、城乡规划

城乡规划是指处理城市、乡镇及其邻近区域的工程建设、经济、社会、土地利用布局及人们对未来发展预测的专门学科。它的研究对象偏重于城镇和乡村的物质形态，对各个区域进行统筹、划分，将土地空间合理运用。它所涉及的方面包括城市中产业区域布局、建筑群区域布局、交通路线布局、公共基础设施规划及布局、市政工程建设等方面。其主要内容包含空间规划、交通路线规划、景观设施和水体规划等内容。城乡规划是城乡建设和管控的依据，是城乡管理规划、建设、运作的基础，是城乡管理的重心。

从古至今除少部分城市外，大多数的城市都没有经过规划以自由形态发展，直到 19 世纪，建筑学与工程学的进步和发展使人们可以用科学、理性的形态分析法透过物理来解决城乡规划的问题。1960 年之后的城乡设计模型理论开始高密度出现，拓宽了城乡发展的理论领域。20 世纪，部分城市规划的课题演变为城市再生，即将城市原本的形态按照它的历史文脉进行规划设计让城市再生。因此，城市原本形态和历史文脉也是城市再生考虑的关键因素。城市规划有许多形式，它与城市设计有着许多共同的理论观点和实践活动。

城乡规划控制引导城乡空间合理发展。虽然城市规划主要关注于城乡居民点和城市社区规划设计，但也涉及资源开发利用与保护，乡村和农业用地，公园及自然保护区等方面。城市规划从业人员要关注研究与分析、战略思考、建筑与城市设计、公众咨询、政策建议、实施和管理等方面。

城市规划师应与建筑、景观、土木工程和公共行政等交叉领域合作，从而实现战略、政策和可持续发展目标。早期的城市规划师通常是这些相关领域的从业者。今天，城市规划已经成为一个独立的专业学科，其中包括土地利用规划与分区、经济发展、环境规划和交通规划等不同子领域。

三、园林设计

园林设计也被称作为"造园"，是在中国和东南亚其他国家的传统园林理论上建立起来的，涉及园林设计领域的人员大多是与建筑学、植物学、美学等相关的。景观建筑学起源于西方，近代才被传入中国，其中的有些内容与中国传统的园林理念不谋而合。

详细的来说，园林设计是在特定的范围内，利用艺术与技术的手段，根据地形地势及气候条件的影响，选择最适宜的植物、材质、小品，来打造出最优的自然环境与生活区域。通过园林设计，使人所处的环境更加吸引人更具有观赏性和审美情趣，同时也满足了一定的人体需求，并且遵循可持续的发展原则。可以说园林设计是在一定程度上反映了人类文明及设计者的审美品位。

四、室内设计

室内设计是为满足居住在某种空间里人心理及生理上的诉求的生产活动，需要科学技术与艺术理论相互结合。从另一种角度来看，室内设计是对室内的所有物件进行协调规划。例如，门、窗、墙面、灯光、水暖电及其他装饰物与视听设备等。室内设计是为建筑物内部构件增加科学性和艺术性，给受众者一个舒适、美观的空间的设计。室内设计是建筑设计中的一部分，是强调装饰的一部分。它是对建筑物内部环境的再创造。室内设计中还分为公共空间设计及住宅家居设计两类。公共空间包括了餐厅、学校、医院、商城等。当我们说到室内设计时，还会想到流线、色彩、照明、功能等词语，同时也这些也是室内设计不可缺少的必要条件。

室内设计可以从以下两个角度进行分析。

按设计深度分：方案类的室内设计、室内初步设计、室内施工图设计。

按设计内容分：室内结构设计、室内物理设计（声学设计、光学设计、热学设计、色彩设计、能源设计）、室内设备设计（室内给排水设计、室内供暖、通风、空调设计、电气、通信设计）等。

另外，还有些国家和地区会在室内设计中加入风水的概念。这也是一种文

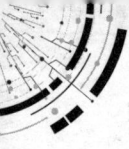

化，设计师在进行设计活动时也要给予充分尊重。

绿色环保型的室内设计近些年来逐渐引起人们关注，因此在设计过程中人们会注意到材料的选取，判别其是否符合标准，另外节能低碳的理念也被渗透到设计的方方面面。

室内设计师也同样会遵循许多的其他科学门类的一些行为准则来帮助他们完成作品，例如环境物理学、建筑学、美学、人体工程学及大众自身的生活习惯与民族习俗等。现如今人们对设计师的要求越来越高，因此设计师所具备的能力也要相应提升，需要掌握各种材料及高科技设备使用等。

人们提到室内设计还会联想到装修这一个概念词，装修是一种为住宅或其他空间进行装饰的新理念，在 20 世纪 80 年代末，这种理念在中国诞生。装潢也是可以说是装修，一般是指空间固定部分的后期处理，例如地面、墙面、门窗装修，在设计中装饰与装修二者是分不开的。

五、艺术学

艺术学一般来说是指系统性的研究有关艺术的各种科学。它所研究的领域非常广泛，涵盖美术学（绘画、雕塑、中国画、油画、水彩画、陶艺、摄影等）、音乐学（声乐、乐器、戏剧等）、文学（诗歌、散文、小说学等），此外还有戏剧学、电影学、杂技学等十大子门类的内容。而在实际环境艺术设计中，运用最多的是艺术学的形式美规律与各设计要素的运用方法。

环境艺术发展至今，越来越精细的知识体系已经告诉人们，它并不依从于艺术学。

六、环境心理学

环境心理学是一个跨领域的学科，着重人与环境之间的交互作用。环境心理学中对环境的定义广泛，可以涵盖自然环境、社会环境、建成环境、学习环境与资讯环境。20 世纪 60 年代后期，科学家开始质疑人类的行为是否与自然环境或建筑环境之间有所关联，环境心理学才开始成为一个被公认的学术领域。环境心理学的学科概念致力于价值观发展与解决问题，研究目标主要在于解决复杂的环境问题，并追求个人在整体社会中的福祉与生活品质。从地方到全球，人们在解决人类与环境相互作用下所产生的问题时，必须拥有一种基于人性的模型，以针对环境情况来进行反应。这个模型可以帮助人类进行环境设计、管理、保护和恢复，加强合理的行为与预测可能的结果，当环境条件有所缺乏时，诊断并解决问题。环境心理学致力于发展这种基于人性的模型，同时保留其结合了多种广泛学科的特点，并探讨了诸如公共财资源管理；寻路系统的复杂设定；环境压力对人类表现的影响；环境重建；人类资讯处理及促进持续的环境保育行为等不同问题。近年该学科则更加关注气候变迁对社会及社会科学的影响，关切再现与限制成长等问题，并更加注重环境可持续性领域的问题。作为一个科际整合领域，除了研究心理学家外，环境心理学也吸引了其他知识领域的学者参与研究，包括地理学、经济学、景观设计、政策与城市规划及规划、社会学、人类学、教育学、工业与商业设计领域等。

七、美学

在欧洲美学还有另外一个名字叫作"感觉学"，它的主要研究内容是美的根本和其意义，很显然，它也是哲学体系的一部分。欧洲的美学概念源自希腊的一个词语——Aisthetikos，这一词语的原本含义是"感官能够感受到的感受"。这个词语首先由德国哲学家亚历山大·葛特列·鲍姆嘉通所使用，他所编著的《美学》出版，标志着美学成了一门独立的学科。

直到 19 世纪，美学仍被传统的观念认定为是一门对"美"进行研究的学说，但现代的哲学把美学定义为认识的艺术、科学、设计和感官认知的理念和哲学。评价美学的价值，不是单纯地去说"美"或是"丑"，而是要透过现象看本质，深入挖掘其本质特征。

八、社会学

社会学源自 19 世纪末期，是一门研究社会的学科。社会学运用各种研究方法进行实地调研并且进行深度分析，来发展和完善有关于人类社会结构及活动的知识系统，同时还要运用这一套系统去改善社会。社会学研究的范围也很广泛，涵盖微观层面中的社会行动或者是人际交流，宏观层面则是社会系统或构成，社会学的本体有社会中的个人、社会结构、社会变迁、社会问题等，因此社会学通常与经济学、政治学、人类学、心理学相互联系并都存在于社会科学领域中。

社会学在研究的题材与研究方法上的选择是非常广泛的，它的传统研究对象含有社会分层、社会阶级、社会流动、社会宗教、社会法律、违法行为等。因为人类所有的活动都是在社会结构、个体机构等因素的影响下完成的，所以当社会不断发展，社会学的研究领域也会与时俱进相应地做出调整，这同样涉

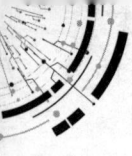

及的学科也会更加广泛，例如医学、军事、信息技术等，甚至是科学知识发展对社会的作用也可作为研究课题。另外，社会科学方法的涉及的范围也越来越广泛。20世纪中期以来，语言多样化、文化扩充也会产生更多具有哲学性和说明性的社会研究方法。到了20世纪的末期，科技迅速发展，同样也为社会学注入了新鲜血液，很多更新的技术应用到社会科学研究当中。

在背景因素的影响下，社会学研究的侧重点很大一部分都是在现代社会中的各式各样的生活真实状态，或者是当代社会发展进程，但是其不会过分关注阐述现状，也不会忽略社会变迁的问题。社会学会研究小到人与人日常的交流活动，大到全球各国关系、趋势、潮流等内容。虽然"社会性"这个词至今都有很多争议，但是社会事实的外在是个人，并且其与个人的行为习惯和认知层次都会产生影响，对于这个说法专业学者大致是接受的。

九、文学

从广泛的角度来看，文学可以说是指任何一种单一的书面作品。那么严格来说，文学是一种艺术形式，也被认为是具有艺术或者智力价值的单一形式的作品。

文学的拉丁词根为 literatura，用来表示所有的书面记载。文学通过文字作为工具来反映现实生活，用不同的手法来表达内心的情感。当代人们对于文学的定义做了扩充，包括了口头语言和歌词。我们还可以从虚构类和非虚构来进行分类，或者是根据韵文和散文来进行分类，再或者可以按照文章篇幅来分类。另外，文学还可以根据历史时间或者运用了哪些美学特征的艺术类型进行分类。

印刷技术的发展使得书面作品的分布和扩散成为可能，最后促进了网络文学的形成与发展。

有时文学作品也不会完全反映真实的社会现象，作者总会加一些自己的主观情绪，将自己对于生活的期望倾注到自己的作品当中，使其用另外一种方式实现并可以得到有效传播。我们看到的一些小说结局往往都是美好的，这就是表现了作者的一种对生活的向往和大众绝大多数的期望。

十、历史学

历史学也可以被简称为史学，是研究历史对象的学科。从广义上来讲，历史包含了人类以外的事物，同时史学也作为社会科学和人文学，史学研究的主要对象为人类社会。

历史学同时也会研究怎样编写历史，因此不会重点研究历史事件本身，而是侧重于重新阐述历史学家的观点。历史学家是从事研究史学工作的专业人员。历史学家每次为一件事物下定义时，是十分严谨的，会经过很多次验证，对于那些模棱两可的问题也不会轻易下定义。因此，历史学尽管有着悠久的发展过程，但其在近代的表现，相较于新兴的社会科学，在理论基础上则显得相当脆弱。对于什么是历史，什么是历史学，全球的历史学家一种也没有一个统一的定论，因此人们对历史学研究的内容无法进行明确的界定，有时一位历史学家会有多重身份，同时也会是一个经济学家、心理学家、考古学家、生物学家。

十一、考古学

人们对于考古学的研究历程，更多的是通过恢复重建古老的物质，或者是保留下来的器物、建筑或是一个小范围的环境，来进行分析判断。因为考古时人们会运用很多技术手段和研究方法，所以它也可以被认定是一门具有科学性和人文学结合的学科，而且在一些西方国家，考古学也会被认为是人类学的一部分，但是在欧洲考古学则是一门独立的学科。

在考古学中最主要的内容是对于史前史的研究，因为这个时期没有详尽的文字记载，所以对其做一个准确的定义是很艰难的，而且这部分的内容很大程度影响着人类整体进程。考古学研究也会涵盖各种不同的目标，范围涵盖人类的进化及文化的变化进程。

考古学包括遗址调查、发掘及最后对所收集资料的分析，以便人们更了解人类的过去。从宏观的角度来分析，考古学的分析过程从来不是孤立的工作，而是各个学科共同帮助完成的。例如，考古学研究往往通过人类学、历史学、遗传学、艺术史、民族学、化学、统计学、植物学等学科进行。然而，今日考古学家面对着许多问题，甚至是担负着很多的责任。

十二、宗教学

宗教学是一门社会科学中较晚发展的近代史学科。相近的学科有生死学、神学、哲学、殡葬学等，一般认为宗教学是由德国文学学家马克思·缪勒最先定义。

宗教学通常研究宗教的形成、发展、变化、成果等，是人文学和社会学的相互配合的一门学科。宗教学与神学研究的主体是宗教，其与其他学科有所区分的地方在于，宗教学是以观察的角度来看宗教外部的内容，它同样也会经常

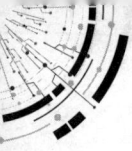

联系社会学、心理学、历史学等学科。宗教学因其特殊性，算是一门新兴的学科。

十三、景观生态学

景观生态学是一门对于组成景观单元的类型、空间的配置进行研究，并和生态学相互配合的综合性学科。它研究的核心是空间布局、生态学应用和空间尺度。

景观结构也就是景观的构成要素、类型、形体状态、数量的排布，它需要景观构成要素之间相互作用，相互配合。

景观功能是景观构成要素相互作用后产生的能量及对其他物质的影响。

景观变化是景观构成要素随着时间、四季更迭所产生的变化。

十四、生态学

生态学是由德国生物学家恩斯特·海克尔在 1866 年提出的一个概念。生态学是以研究生物体及其周边环境关系为主体的科学。德语 kologie 是由希腊语词汇家和学科组成的，它最初表达的意思就是研究在同一个自然环境中的生物的学科，目前这门学科进行扩展，研究的主体不只是生物，还加入了生物及其周围环境和二者之间的关系。通常环境中包含生物环境和非生物环境，生物环境指的是各类物种之间和物种内部各个构成要素之间的关系，非生物环境则含有自然环境，包括土壤、岩石、空气、水源等因素。

生态学属于生物学的一个部分，生物学研究范畴有宏观和微观两个方面。微观方面开始逐渐转向分子生物学领域，而宏观的内容主要是生物、种群、生态系统、生态圈。生态学同样也是一门综合性较强的学科，其在研究的同时也需要地质学、地理学、土壤学等学科配合。

十五、环境生态学

环境生态学也是生态学理论的一个分支，是建立在生态学理念之上发展起来的，它同时需要物理学、化学、环境科学等学科配合。环境生态学寻找生物受到人为干预时生态系统做出反应的学科。其研究过程中会利用生态学中的理论，阐述并分析人与环境之间的相互作用及反作用，从而寻找解决问题的途径和方法。从学科的发展角度来看，环境生态学虽然由生态学而来，但是不完全与生态学一致。随着社会的变化，该学科更多的关注度放在大到"人类命运共同体""可持续发展""和谐社会和循环经济""人类生存方式与环境生态危机""中国 21 世纪初可持续发展之路""全球变暖与地球环境生态安全"等，小到针对某种构成因素的问题，例如，"臭氧层破坏对地球环境生态的影响""酸雨对地球环境生态的影响""城市化对城市环境及区域气候的影响""沙漠—绿洲生态系统水热输送及相互作用数值模拟""中国西部水资源开发与可持续发展问题"等方面。

十六、人体工程学

人体工程学同时也被称为人机工程学、人体工学、人类工效学。工效这个词源于希腊文"Ergo"，意思就是工作、劳动。人体工程学就是在探求人类进行劳动、工作成果、工作效率、工作规律等内容。人体工程学包含着人体测量学、生物力学、劳动生理学、环境生理学、工程心理学、时间与工作研究学，六门学科的内容。

人体工程学源于欧洲、美洲，最先开始于工业社会当中，当时工业革命后，人们开始大量、大面积的生产和使用机器设备，人们开始寻找人类与机器设备之间存在的某种关系，因此人体工程学便随之而生，它作为一门学科已经有四十多年的历史了。在第二次世界大战中人们就开始利用人体工程学的原理和手段，在坦克、飞机的内部空间设计中，寻找一种可以在这样狭小的空间即舒服又可以精准进行战斗，并且不会产生疲劳感的设计。这种活动看似是在解决军事的问题，实际上也解决了人与空间与环境的协同配合的关系。通过第二次世界大战对坦克和飞机内部空间的探索，在战后人们把这种方案进行推广，并应用到各个行业中，并在 1960 年创办了国际人体工程协会。

在当今社会背景下，人们逐渐重视"以人为本"的理念，无论是在做何种设计，人们都会考虑受众者的感受，这正好符合了人体工程学的研究目的。人体工程学立志要从人体自身为出发点，以此为前提探索如何使人的生产、生活更加舒适，为设计提供新思路和理论支持。当人—物—环境紧密联系在一起，成为一个整体的时候，人们就可以很顺利的调配所处的环境。

到 2003 年，人体工程学又应用到室内设计的行业当中，其内容依旧是以人为根本出发点，通过对人体各部分及生理、心理的测量与统计，结合心理学、生物学、力学等相关学科的内容，使室内设计提高人体舒适度，更加适合人体在某一种空间中的生产生活和学习，使空间具有更好的利用率。

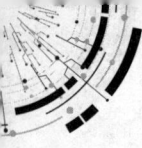

十七、材料学

人们创造与改善环境，进行具体的工程项目施工，使设计由概念变为现实，依赖各种各样的材料。材料的搭配使用使得设计实现了有效的语言表达。在设计中，材料是与光、色彩环境设计共同存在的。

了解并合理使用材料，并不能仅仅依靠感官及触觉得到表面的信息，材料的特征、稳定性、物质组成、结构特点等内在属性才是其根本。而材料学就是研究材料各类性能及其之间相互关系的一门学科。材料学研究方向中的材料开发等，都是直接影响设计实施与发展的关键因素。

曾在我国举办的上海世博会，各国场馆和设计方面都使用了大量的新型材料及新的工艺，令人切身感受绿色环保节能的理念，这就是现代材料学的发展带给设计的新契机。

第三章 环境艺术设计的发展历程

环境艺术设计的发展不仅体现了人类居住形态的发展，也体现了人类思想和人类意识发展，环境艺术设计发展历程是人类与居住环境之间内力和外力作用下的关系发展历程，也是人类作为高级的生物形态影响和改造环境的过程。本章将立足于环境艺术设计的发展历程，总结以往的经验，来评价当前环境艺术设计发展的历史位置。

第一节 古代环境艺术设计

一、上古时期的环境艺术

（一）史前到早期文明

史前到早期文明这一阶段人类只能对环境加以改造，还谈不上环境艺术设计。

人类的进化始于工具的制造和使用，人类对环境的改造也始于此。

远古时期人类的生存环境十分恶劣，人类要面对严寒、酷暑、野兽和人类自身的疾病。在这种自然条件下，人类首先要使居住环境满足安全需求。在安全需求得到满足之后，才会产生更高层次需求。随着生产力提高，人类需要更加舒适的居住环境。

人类的居住环境起源于远古时期人类建造的房屋。人类自己建造房屋是环境设计的开端。

马耳他岛上的庙宇是迄今为止人们发现的最早的人类用石头建造的独立建筑物，建造于公元前3 600年到公元前2 500年。这些神庙有的是独立的建筑，有的则构成了神庙群。

在新石器时代人类对环境的改造过程中取得的进步是开始修建建筑物。在这一时期人类社会出现了永久性居留村落，建筑也随之产生。这一时期的建筑虽然不能称其为环境艺术设计，但是其中却产生了巨石圈这种纪念性建筑。

巨石圈即斯通亨治巨石圈，位于英国伦敦西南 100 多千米的索尔兹伯里平原。斯通亨治巨石圈直径 30 米，由高约 4 米的巨石组成，是最早、最壮观的环境景观之一。

（二）古希腊与古罗马

古希腊、古罗马时期到近代时期的环境艺术设计主要表现为建筑设计。

1. 爱琴时期

古代爱琴海地区以爱琴海为中心，包括希腊半岛、爱琴海中各岛屿与小亚细亚西岸的地区。爱琴海地区的文明先后将克里特和迈锡尼作为中心，因此被称为克里特—迈锡尼文化。

克里特是爱琴海南部的一座岛屿，其文明是岛屿文明，宫殿建筑是其建筑设计的典型代表。克里特的宫殿建筑以典雅凝重作为主要特色，空间的变化也非常有特点。其中，克诺索斯王宫是最能代表其文明的宫殿建筑。克诺索斯王宫是一座大型建筑，整座建筑依山而建，其中心的一个长方形庭院，这个庭院长 52 米，宽 27 米。在这个庭院周围是各种殿堂、房间、走廊及库房，这些房间之间相互贯通。由于克里特岛气候温和，克诺索斯王宫室内外的划分一般只用柱子。克诺索斯王宫由于是依山而建的建筑，建筑内部地势落差大。因此，克诺索斯王宫内部结构富于变化，走廊和楼道迂回曲折，有"迷宫"之称。

2. 古代希腊

古代希腊是建立在巴尔干半岛及其邻近岛屿和小亚细亚西部沿岸地区诸国的总称。

古希腊是欧洲文化的圣地，古希腊人在各个领域都取得了杰出成就，环境艺术领域也不例外。古希腊的建筑十分完善，其建筑风格中彰显着古希腊人特有的理性文化。

3. 古代罗马

在古希腊文化走向衰落的同时，古罗马文化逐渐崛起。

古代罗马包括亚平宁半岛、巴尔干半岛、小亚细亚及非洲北部等地中海沿岸大片地区。公元前 500 年左右，古罗马开始了在亚平宁半岛的统一战争，古罗马的统一战争持续了二百余年，统一后实行共和制。通过对外扩张，公元前 1 世纪，古罗马建立起了跨越亚、欧、非三大洲的庞大帝国。

古罗马继承了古希腊的建筑艺术，并将其推向了奴隶时代建筑艺术的顶峰。古罗马时期的建筑类型、形制极其丰富，建筑结构的设计也达到了很高的水平，建筑形式和建筑手法非常发达，影响了欧洲甚至是全世界的建筑设计。

拱券技术在古罗马时期得到广泛应用，应用的水平也非常高，成为古罗马建筑的重要特征。古罗马时期非常注重建设广场、剧场、角斗场等大型公共建筑。

罗马帝国在公元前1世纪至公元前3世纪初建设了大量气势宏大的并有时代特征的建筑，成为建筑史上的又一座高峰。这个世纪的建筑设计的最典型的代表是万神庙。万神庙最典型的特点是它的圆形大殿。圆形大殿借助于穹顶结构使万神庙形成了凝重而又饱满的内部空间，而内部空间正是万神庙最富有艺术魅力的所在。

除万神庙以外，罗马大角斗场是这一时期的另一代表性建筑。罗马大角斗场建于公元75～80年，是一座长轴长188米，短轴长156米的椭圆形角斗场。罗马大角斗场的中央部分是用于角斗的区域，四周有60排闭合的看台作为观众席，在观众席和角斗区域之间建有高墙，用以保护观众安全。罗马角斗场规模宏大，设计精巧，巧妙运用了立柱结构和拱券技术，使用砖石材料和力学原理建成的跨空承重结构，在减轻建筑重量的同时使建筑呈现出动感和延伸感。

在罗马帝国时期，古罗马为记录和歌颂帝王功德，建造了凯旋门、纪功柱、帝王广场和宫殿等建筑。其中，凯旋门对建筑设计的发展影响十分深远。凯旋门是一种特殊的建筑形式，主要作用是歌颂帝王功德，其典型代表是建造于公元312年的君士坦丁凯旋门。

（三）古中国与古印度

1. 古代中国

中国的建筑体系不同于西方建筑体系，但也对建筑设计的发展产生了深远影响。

（1）园林景观

中国的商周时期就出现了园林景观，最早的园林形式是"囿"，其中的主要建筑是"台"，中国古典园林的雏形产生于约公元前11世纪商代的"囿"与"台"的结合。

春秋战国时期，贵族园林数目众多且规模庞大，比较著名的有楚国的章华台、吴国的姑苏台。

（2）长城

公元前 9 世纪，西周王朝在其疆域的北方修建城堡抵御游牧民族的入侵。战国后期，各个诸侯国在其领土的边境筑墙以保证自己国家安全。公元前221年，秦始皇统一中国。为保护这个新统一的国家的安全，使整个国家不受北方游牧民族的侵扰，秦国将各个诸侯国的长城连接起来并扩建，建造起了东起辽东、西至临洮的长城，即秦长城。

长城的主要建筑结构是城墙，也包括关城、卫所、烽火台等军事设施和生活设施，是具有战斗、通信等功能的军事防御体系。

公元前 202 年，刘邦称帝，建立汉朝。汉朝对秦长城进行了修葺，在其基础上又修筑了新的长城。

（3）秦汉建筑

汉朝虽然取代了秦朝，但是"汉承秦制"，汉朝继承了秦朝的各个方面，包括建筑风格。秦汉建筑的主要风格是浑朴，宫殿建筑的成就最高。

秦汉两代将浑朴作为主流观念，在建筑上体现为巨大的空间尺度。受当时的文化影响，秦汉建筑用大规模的建筑象征宇宙和天地宽广。

2. 古代印度

（1）最早的城市

印度河流域和恒河流域在公元前三千多年就建立了人类最早的城市。从 20 世纪 20 年代起，人们陆续发掘出了摩亨佐·达罗城古城遗址。摩亨佐·达罗城古城遗址以其强大的城市规划能力证明了古印度文明在当时已经发展到了很高的水平。

（2）大窣堵坡

孔雀王朝在公元前三世纪中叶统一了印度。孔雀王朝的建筑风格继承了印度当地的建筑风格，又吸收了外来文化的影响，形成了自己的独特风格，将佛教建筑推上了建筑设计的高峰。

孔雀王朝最具代表性的建筑是桑奇窣堵坡。窣堵坡是印度佛教埋葬佛骨的建筑，从孔雀王朝开始，发展为佛教的礼拜中心。桑奇窣堵坡建造于安度罗时代，是早期印度佛教艺术发展的顶峰。

窣堵坡的设计有极强的象征性，象征佛力无边又无迹无形，也是佛陀形象的具体化体现。

二、中古时期的环境设计

（一）拜占庭建筑

公元 395 年，罗马帝国分裂成东罗马帝国和西罗马帝国。东罗马帝国也称拜占庭帝国，其文化由罗马文化、东方文化和基督教文化三部分组成，形成了独特的拜占庭文化，其建筑文化对欧洲和亚洲国家的建筑产生了深远影响。

拜占庭建筑的典型代表是圣索菲亚大教堂。它的顶部设计为巴西利卡式布局，东西长 77 米，南北长 71.7 米。其中央大殿为正方形两侧各加一个半圆组成的椭圆形，正方形上方是圆形穹顶，高约 15 米，直径约 33 米。中央穹顶南北两侧的空间透过柱廊与中央的大殿相连，东西两侧逐个缩小的半穹顶形成步步扩大的空间层次，既和穹顶融为一体，又富有层次。

意大利作为古罗马的中心，其文化艺术受到罗马的影响。意大利的建筑规模、结构方式和装饰手法都遵循罗马的建筑设计规律。意大利的建筑风格并不是统一的，意大利东部受拜占庭建筑影响，南部受到伊斯兰文化影响。

俄罗斯人属于东斯拉夫人种，公元 862 年左右第一个俄罗斯国家在诺夫哥罗德诞生，公元 882 年将首都迁往基辅。公元 10 世纪拜占庭建筑风格和建筑技术传入俄罗斯并在俄罗斯大肆流行。俄罗斯的建筑风格延续并发展了拜占庭建筑的风格。

（二）哥特式建筑

哥特式建筑产生于 12 世纪中期，以法国为中心向整个欧洲发展，13 世纪发展到顶峰，15 世纪由于文艺复兴运动而衰落。

哥特式建筑由罗马式建筑发展而来。哥特式建筑将罗马式建筑中的十字拱发展为带有拱肋的十字尖拱，从而降低了建筑顶部的厚度。哥特式建筑比罗马式建筑更高。通常情况下，哥特式建筑的高度是其宽度的 3 倍，并在 30 米以上。哥特式建筑内部和外部都是垂直形态，往往给人以整个建筑是从地下生长起来的独特感受。

哥特式建筑发源于法国，法国的巴黎圣母院是哥特式建筑的典型代表，位于塞纳河的斯德岛上，是欧洲建筑史上一个划时代的标志性建筑。

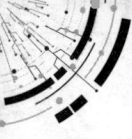

第二节　近代环境艺术设计

一、文艺复兴的环境设计

14世纪，欧洲的思想文化领域掀起了一场以意大利为中心的文艺复兴运动。文艺复兴运动反对宗教神学，倡导人本主义思想。它挣脱了中世纪神学的束缚，复兴了希腊、罗马的古典文化，使欧洲出现了一个文化蓬勃发展的新时期。

文艺复兴时期的建筑和环境设计的显著特征是其抛弃了哥特式风格，在建筑设计中大量应用古希腊和古罗马时期的柱式构图要素，以体现和谐和理性。同时，将人体雕塑、大型壁画和线型图案锻铁饰件应用于室内装饰。

文艺复兴时期，有大量的著名艺术家参与建筑设计和环境设计。他们参考人体尺度，借助数学知识和几何知识研究古典艺术的内在审美规律，并在此基础上进行艺术创作。

（一）早期文艺复兴

15世纪初期，以佛罗伦萨为中心的意大利中部的建筑设计中出现了新的倾向，即既在建筑中使用古典设计要素，又使用数学知识。

这一时期的代表人物是伯鲁乃列斯基。他深入研究了大量的古典建筑结构，使得他能够对建筑设计中的传统要素进行灵活利用和改造并应用到自己的设计中去。伯鲁乃列斯基一般在数学原理的基础上进行设计，使其建筑作品呈现出朴素、和谐的风格。

（二）盛期文艺复兴

15世纪中后期，文艺复兴运动由意大利传播到德国、法国、英国和西班牙等国家。文艺复兴运动在16世纪发展到顶峰，使欧洲的文化和科学事业有了巨大发展。建筑设计也进入了繁荣发展阶段，建筑设计逐渐朝着完美和健康的方向发展。

文艺复兴运动的中心是意大利，位于意大利的圣彼得大教堂是文艺复兴时期最宏伟的建筑设计。

文艺复兴运动以意大利的佛罗伦萨为中心逐渐发展，后来影响到威尼斯。威尼斯的圣马可广场及其周边的建筑是其在文艺复兴时期的代表性建筑。圣马可广场自建成之日起便是威尼斯的政治中心、商业中心和公共活动中心。

二、洛可可设计风格

洛可可一词本是法语中的词汇，意为岩石和贝壳。在建筑设计中，洛可可是指建筑装饰中的自然特征，如贝壳、海浪、珊瑚等。18 世纪后期，洛可可一词通常用来讽刺通常某种反古典主义的艺术风格。19 世纪，洛可可一词才不再含有贬义。

巴黎苏比兹公馆的椭圆形客厅是典型的洛可可设计。巴黎苏比兹公馆的椭圆形客厅分为上下两层，下层由苏比兹公爵使用，上层由苏比兹公爵夫人使用。上层的设计独具特色，设计师将 4 个窗户、1 个入口和 3 个镜子设计成 8 个高大的拱门巧妙地划分了椭圆形房间的壁画。

三、古典主义

（一）新古典主义

18 世纪中期，欧洲展开了以法国为中心的启蒙运动，推动了建筑设计领域变革。这一时期大部分欧洲国家对洛可可风格的建筑产生了审美疲劳，同时意大利、希腊和西亚发现的古典遗址使人们更加推崇古典文化。在这种情况下，法国兴起了新古典主义，新古典主义倡导复兴古典文化。新古典主义所谓的复兴古典文化是对于洛可可风格提出的，复古是为了创新，在建筑设计中应用和创造古典形式体现了人们重新建立理性和秩序的意愿。新古典主义直至 19 世纪中期都在欧洲十分流行。

新古典主义虽然在建筑设计上追求古典美，但也注重现实生活，将简单的形式作为最高理想，提倡人们在新的理性原则和逻辑规律中抒发情感。

（二）浪漫主义

1789 年法国大革命是欧洲艺术发展的转折点。法国大革命后，人们对艺术甚至是对生活的看法发生了深刻的变化，并产生了浪漫主义。

18 世纪中后期，英国首先将浪漫主义应用到建筑设计之中，它提倡个性和自然主义，反对古典主义，其具体表现是追求中世纪的艺术形式和异国情调。浪漫主义在建筑中的应用多通过哥特式建筑形象表现出来，因此也被称为"哥特复兴"。

由设计师查理·伯瑞所设计的英国议会大厦，一般被认为是浪漫主义风格盛期的标志。

19 世纪初期，浪漫主义建筑使用了新材料和新技术，这种进步影响了现代风格发展。它的典型代表是埃菲尔铁塔。埃菲尔铁塔是 19 世纪末期建造的有划时代意义的铁造建筑物，之后成了巴黎的象征之一。埃菲尔铁塔的修建是为了庆祝巴黎举行世界博览会，其名称来源于铁塔的设计师埃菲尔。

18 世纪下半叶到 19 世纪的浪漫主义运动，还表现在与帕拉第奥主义建筑相配合的英国"风景庭园"的兴起上。

最为典型的"风景庭园"是英国威尔特郡的斯托海德庄园。斯托海德庄园位于索尔斯伯里平原的西南角。斯托海德庄园风景优美，庄园内有岛屿、堤岸、缓坡、土岗和草地等。

（三）折中主义

19 世纪前期，折中主义在欧洲兴起。折中主义在 19 世纪的欧洲十分流行并一直延续到了 20 世纪初期。折中主义注重形式美，重视比例和推敲形体，不遵循固定的程式。

折中主义在法国最为流行，巴黎美术学院是折中主义的艺术中心。巴黎歌剧院是折中主义的代表性设计。巴黎歌剧院是当时欧洲面积最大、室内装饰最豪华的歌剧院，它融合了包括古希腊和古罗马式的柱廊在内的多种建筑风格。建筑整体规模宏大、装饰精美。

第三节　现代与后现代环境艺术设计

一、现代主义设计风格的诞生

现代主义设计是艺术设计发展史上最重要的设计活动之一，也是最有影响力的设计活动之一。19 世纪的工业革命推动了科学技术的快速发展也改变了人们的生活方式。现代主义设计运动在此背景下展开，产生了大量的优秀设计师和设计作品。现代主义环境艺术设计运动的兴起是建筑和环境设计发展进入新阶段的标志。

20 世纪以来，欧美发达国家的生产技术快速发展，出现了大量的新技术、新材料和新的生产设备，有效推动了生产力发展，这些发展也影响了社会结构和社会生活。在此基础上，环境艺术设计重视功能和理性成为了现代主义设计的主流。

（一）现代主义的开端

"现代主义"作为一个文化概念其含义十分宽泛。它不是在某一领域内展开，而是在工业、交通、通讯、建筑、科技和文化艺术等领域进行的文化运动，对人类社会产生了深远影响。

随着科学技术发展，人们的生活水平大幅度提高，传统的建筑形式不能满足人们的生活需求。为满足人们对建筑的需求，建筑材料、建筑技术和建筑结构不断发展，新技术大量应用到建筑领域中，新的建筑理论也不断涌现。在这样的背景下，现代主义建筑运动开始发展起来，出现了大量的优秀建筑师和杰出的建筑作品。现代主义建筑运动的兴起是建筑发展进入新阶段的标志。

美国建筑师赖特是现代主义建筑的杰出代表。他能够巧妙地运用钢材、石头、木材和钢筋混凝土使设计出的建筑与自然环境融合并表现出令人振奋的关系，他尤其擅长几何平面布置和轮廓方面的设计，代表作品为"草原式住宅"。

第一次大战期间，荷兰没有受到战争的破坏，环境艺术设计及其理论大量发展，出现了风格派。蒙德里安和里特威尔德是风格派的核心人物。其中，蒙德里安是一名画家，里特威尔德是一名设计师。

（二）包豪斯

包豪斯是一座设计学院，由格罗庇乌斯在1919年创建于德国，是世界上第一所完全为发展设计教育而建立的学院。

格罗庇乌斯是德国著名的建筑家和设计理论家，是现代建筑、现代设计教育和现代主义设计最重要奠基人。他出生于1883年，曾在德国的柏林和慕尼黑学习建筑。第一次世界大战结束后，德国的设计师和艺术家希望复兴国家的艺术与设计，于是建立起了包豪斯设计学院，并由格罗庇乌斯出任院长。1938年，由于法西斯主义的影响，格罗庇乌斯被迫离开德国前往美国的哈佛大学，继续发展现代设计教育和现代建筑设计。

格罗庇乌斯重视艺术和技术结合、创新形式美、功能因素和经济因素。他的这些观点推动了现代设计的进步。

现代主义设计注重空间，尤其是整体设计，甚至将"空间是建筑的主角"作为口号。这种观点是人们在对建筑的本质有了深刻认识后提出的，是建筑设计的巨大进步。建筑意味着把握空间，空间应当是建筑的核心。密斯曾出任包豪斯设计学院的院长，他在1929年的巴塞罗那世界博览会中担任德国馆的设计师。他的设计没有使德国馆划分出内外空间而是在墙体中解放出了空间，其被称为第三个空间概念阶段，即"流动空间"。这个作品是密斯"少就是多"的理念的具体体现。作品中运用的水平伸展构图、清晰的结构体系、精湛的节点处理也是密斯的设计风格的精华。这个建筑是现代主义建筑初期最有代表性

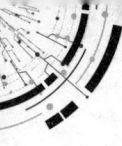

的作品之一，是空间划分和空间形式处理的典范。

二、国际主义设计风格

第二次世界大战结束后，西方国家在恢复国民经济的同时开始大规模兴建建筑。造型简单又功能完善的现代主义建筑被大量兴建起来。环境艺术设计和室内设计观念日趋完善，各种设计理论异彩纷呈。但在20世纪40年代至20世纪70年代这一阶段在环境艺术设计领域占据主导地位的是国际主义风格。

国际主义风格建筑的主要形式是密斯的国际主义风格建筑形式，坚持"少就是多"的设计原则，设计简单明确，有鲜明的工业化特点。国际主义风格虽在环境艺术设计领域占据主导地位，但也出现了粗野主义、典雅主义和现代主义。

（一）粗野主义和典雅主义

1. 粗野主义

粗野主义在建筑设计中的具体表现是保留水泥上模板的痕迹，使用粗壮的结构体现钢筋混凝土的粗野。粗野主义虽然追求粗鲁但却要在设计中表现出诗意，表现了国际主义向形式化发展的趋势。粗野主义的代表人物是柯布西埃，他于1950年在法国设计的朗香教堂就是其里程碑式的作品。

2. 典雅主义

最早在设计中表现出典雅主义倾向的设计是约翰逊在1949年设计的"玻璃住宅"的室内设计。"玻璃住宅"的起居室中摆放了密斯在巴塞罗那世界博览会中设计的钢皮椅子，这把椅子的形式和"玻璃住宅"的空间十分协调。此外，约翰逊还使用了雕塑、油画和地毯等装饰使"玻璃住宅"简单的结构形式更加丰富。这表明这个时期的建筑设计已经开始注重建筑使用者的心理需求。

（二）20世纪60年代以后的现代主义

20世纪60年代后，现代主义设计在环境艺术设计领域占据主导地位，国际主义设计的发展则更加丰富。这一阶段的环境艺术设计领域中的环境观念开始形成。建筑师和设计师在进行建筑设计的时候将阳光、空气、绿地等因素纳入其设计考虑范围中。室内空间和室外空间之间没有明确的划分，高楼大厦中可以设计有庭院和广场。

这一时期的代表性人物是美国现代建筑大师约翰·波特曼，他以独特的旅馆空间而闻名。旅馆空间是指约翰·波特曼在旅馆中庭设计出独具特色的共享空间。波特曼设计的旅馆中庭有穿插、渗透、复杂变化的特点，一般高达几十米，可作为室内主体广场。

美籍华裔著名建筑大师贝聿铭一直遵循现代主义建筑原则进行创作。他设计的华盛顿国家美术馆东馆的建筑内外环境是 20 世纪 60 年代后期最重要的作品。他在设计中巧妙运用了几何形体使其与周围的环境和谐统一。其建筑设计的整体造型简洁大方、庄重典雅，空间安排舒展流畅、条理分明，同时又有很强的适用性。华盛顿国家美术馆东馆所处的地形为直角梯田，贝聿铭将其分为直角三角形和等腰三角形两部分，使其与老馆的轴线对应。贝聿铭设计的中国北京的香山饭店是其环境原则和在设计中综合多种元素原则的充分体现。香山饭店位于香山公园，鉴于当地的自然环境和周围的历史文物，因此贝聿铭在设计中结合了西方现代建筑结构和中国传统元素，尤其是园林建筑元素和民居院落元素，使其在现代建筑中体现出了中国传统文化。

三、后现代主义

（一）戏谑的古典主义

戏谑的古典主义是后现代主义影响最大的一种设计类型，它是用戏谑的、嘲讽的表现手法来运用古典主义形式或符号。

摩尔是美国后现代主义最重要的设计大师之一。1977 年到 1978 年，他与佩里兹合作设计了"意大利广场"。这座建筑是后现代主义早期的重要作品。"意大利广场"位于新奥尔良市，是为当地的意大利移民而设计的。

"意大利广场"是一座圆形广场，在广场的一侧设计有大水池，象征地中海。水池中有意大利地图，寓意水流自阿尔卑斯山流下，流经意大利半岛最后进入地中海。意大利地图上的西西里岛被设计在圆形广场的中心位置，象征着当地的意大利移民多来自西西里岛。

格雷夫斯是美国著名后现代主义设计师。他在佛罗里达设计的迪士尼世界天鹅旅馆和海豚旅馆是典型的戏谑古典主义作品。他将巨大的天鹅雕塑和海豚雕塑设计在旅馆的屋顶上，使其建筑设计的外观的标志性极其鲜明，内部设计则体现出迪士尼风格。在室内设计中格雷夫斯运用了大量的绘画，旅馆的大堂、会议室和客房走廊的墙壁上有大量的以花卉和热带植物为题材的绘画，但其中也不乏古典的拱券设计和中世纪建筑中广泛使用的集束柱。

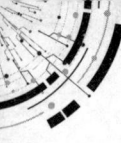

（二）传统现代主义

传统现代主义是狭义后现代主义风格的一种类型。传统现代主义不同于戏谑的古典主义，它不使用嘲讽的方式运用古典主义元素，而是适当地采取古典的比例、尺度、某些符号特征作为发展的构思，同时注意细节的装饰，并多采用折中主义手法，设计内容更加丰富、奢华。

富兰克林纪念馆是后现代主义里程碑式的作品，由文丘里于1972年设计而成，位于富兰克林故居的遗址上。

富兰克林纪念馆的地下部分是其建筑的主体部分。在地上可以通过一条无障碍的坡道进入地下展馆，展馆通过电影厅和几个展室介绍了富兰克林的生平。这个纪念馆的设计巧妙之处是它没有落入恢复名人故居原貌的窠臼，而是将其建在地下，将地面部分设计成绿地供周边居民活动。

纽约的珀欣广场也是一座传统现代主义设计的建筑。纽约的珀欣广场是一座钟楼，高达38米。钟楼下面是通向圆形喷泉的水道。当地曾经发生地震使广场地面出现了断裂线，如今这些断裂线成为当地曾发生地震的提示标志。

后现代主义是在现代主义和国际风格中发展而来的，并反思、批判和超越了现代主义与国际风格。但后现代主义在发展过程中只是出现了多种流派，没能形成明确的风格界限。

四、现代主义和后现代主义风格之后的环境设计

20世纪70年代后，科学技术的发展推动了经济发展，人们的审美追求和精神需求发生变化，环境艺术设计的发展呈现出多元化的趋势，设计理念和表现方法更加丰富。与此同时，其他设计流派也在不断发展。在这个过程中，室内设计从建筑设计中独立出来并得到充分发展。

（一）高技派

高技派的设计风格在建筑设计和室内设计的主要表现是强调工业化特色和技术细节。高技派在设计中使用新技术表现其作品的工业化风格，使其美学效果带有时代性和个性。

以充分暴露结构为特点的法国蓬皮杜国家艺术中心是其代表作品，其位于巴黎市中心，由英国建筑师罗杰斯和意大利建筑师皮亚诺共同设计。蓬皮杜国家艺术中心是现代化巴黎的标志，也是高技派艺术设计的代表性作品，在设计中特别突出结构、设备管线、开敞空间，是机械美设计理念的典型体现。

香港汇丰银行是高技派另一个重要作品，由英国建筑师诺曼·福斯特设计而成。其建筑外墙由外包铝板和玻璃板组成，通过这些透明的玻璃板人们能直接看到大楼内部灵活又复杂的空间，给人带来恢宏的感受。

（二）解构主义

解构主义作为一种设计风格在 20 世纪 80 年代后期，它否定并批判了现代主义和国际主义风格。解构主义的设计作品多使用变形手法使其呈现出无序、失稳、突变、动态的特征。

拉维莱特公园是解构主义的代表性作品。拉维莱特公园位于巴黎，由建筑家屈米于 1982 年设计建造。拉维莱特公园由三套独立的体系组合而成，这三套独立的体系分别是点、线、面。其中，点的设计最为巧妙，是指红色的构筑物，被其设计者屈米称为"folies"，其含义为疯狂，同时也指 18 世纪英国园林景观中适应风景效果或幻想趣味的建筑。这些构筑物被摆放在间隔 120 米的网格上，形成整齐的矩形，这种排列方式没有特殊意义，可将其视为识别性强的符号，也可以将其视为抽象性的雕塑；线是指公园中的小路组成的曲线和两条垂直交叉的直线，其中一条直线连接了公园东西两侧原有的水渠，另一条直线是一条长达 3 千米的走廊；面是指公园中形状各异的绿地、铺地和水面。

第四节　环境艺术设计的发展趋势

一、环境艺术设计理论的发展趋势

理论发展层面对环境艺术设计的发展进步起着直接的决定性的作用。它的方向与发展趋势不是个人思考的结果，而是在经过了无数次讨论与研究，从理论到实践，再由实践返回到理论的不断反复纠正的过程中形成的，具有严谨性。

（一）由专业细分带来的高、精、深入的理论发展

在发展初期，环境艺术设计的专业划分情况并不十分明晰，具有很大的局限性，不够全面。各种理论探索也都处于初级阶段，都是从基本方面，从大的方向上进行简要概括与研究，如对于基本概念地争论、对于设计内容地探讨、对于简单施工工艺的反复摸索研究等。今天的环境艺术设计，相较以往，其显著的特点之一就是专业划分更明确，专业人员的工作更细化，这种趋势还将进一步发展并且成为未来一项重要的发展趋势。专业细化可以使人们更多地关注较小的范围和由此带来理论发展新的境遇。高是有一定高度，不再只是停留在

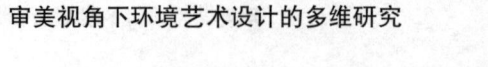

基本层面；精是精细、严谨。相信只要在专业细分的条件下，人们的力量会更加集聚。发展高、精、深入的理论已经成为环境艺术设计的重要发展趋势之一。

（二）多学科的广泛交流与合作

这种发展趋势是相对学科发展初期的单一性与封闭性而言的。我们在前面的内容中已经了解到，环境艺术设计的学科维度很宽泛，与其他各学科交叉的内容非常多，仅靠自身的发展免不了会把自己困在一个狭小的范围内。在强调信息资源共享与广泛传播的今天，只有广泛交流与合作才是发展的正确之路，要在思想上重视其他相关学科的理论，关注其发展动向，吸收其最新的、科学的理论成果并运用到环境艺术设计中来。在这个过程中有讨论、探究，思想的激烈交锋甚至否定。这符合科学发展观，对学科的发展是极其有利的。

现今信息的快速共享与流通使环境艺术设计能够及时接触到最新、最前沿的发展理念，也可以及时从其他相关学科中吸取营养。例如，圆满结束的2010年上海世博会，带给人们很多各国最新的研究成果和关于发展的信息。它的口号就是"城市让生活更美好"。从城市发展、规划的专业角度出发，世博会提倡的是城市设计的人性化，要求设计更贴近人的生活，使人们体验到在城市中生活的便利与快乐，包括大大小小全方位的内容。这种发展的思路对环境艺术设计就是一个启发。从世博会整体规划上看，分区的严格控制、各国场馆的分布与城市现阶段及未来发展的关系、整体交通路线的处理、各方向视线关系的控制、世博会整体区域设计与城市经济发展的联系等，这些都是从城市这个大的方面告诉环境艺术设计者如何在设计中体现良性发展的主题。而环境艺术设计则具体到了每个分区，每个广场内人与环境的关系，还有具体行为引导，环境设施的设计等方面。在思想与发展层面，这场盛会是城市设计、城市规划与环境艺术设计的专业交流。

与多学科进行广泛交流、学习与合作是环境艺术设计的发展趋势之一。

（三）生态文明与可持续发展的价值取向

生态文明倡导人的自觉和自律，生态文明反思了人类的物质文明，尤其是工业物质文明，生态文明认为人类不能仅追求物质生活的享受，还要追求更高的理想和富足的精神生活，以实现人类社会全面发展。20世纪70和80年代，随着全球范围各种环境问题的加剧，环境保护运动大量涌现。在这种背景下，1972年联合国在斯德哥尔摩召开首次"人类与环境会议"，讨论并通过了著名的《人类环境宣言》。随着人们对环境问题认识不断加深，可持续发展的思想逐渐形成。1983 年可持续发展作为一类发展模式被正式提出。

近年来日益严重的生态问题、环境问题、能源问题和气候问题等全球性问题已使人类认识到人类并不能征服自然，人类只是全球生态系统中的重要组成部分。人生享受自然的恩赐，参与自然最微妙的各项循环，同时人类活动也对自然有着反作用（包括促进发展的与阻碍发展的双方面）。人与自然不存在控制与被控制的关系，人类与自然的关系是相互依赖的关系。人类的发展既要满足社会需求又要满足自然环境需求，同时要考虑到人类未来的发展。因此，人类要在发展的过程中坚持可持续发展的生态文明观。

有了生态文明与可持续发展思想的指导，在行动上，设计工作者首先应该以身作则，用实践设计为生态文明建设做出贡献，抵制破坏环境的各种不良设计行为，用设计成果引导人们共同参与生态文明环境建设，比如用人工湿地景观的设计向人们宣传这一生态系统组成部分的重要性，认识"地球之肾"的各类功能，从而培养人们的环保意识，进一步带动公众参与到生态环境的建设中来。生态文明与可持续发展作为一种思想发展趋势，正在以奋进的脚步奔跑在社会发展的大道之上。

二、环境艺术设计实践的发展趋势

环境艺术设计是一门应用性学科，它在实践设计方面的发展趋势一方面由思想层面起着决定性作用，另一方面又受到市场发展的深刻影响。实践设计方面的发展趋势有以下几点。

（一）多工种多专业的设计团队模式

这是环境艺术设计单位工作模式发展的一个趋势，由专业和社会发展的多方面特点所决定。一方面，专业的广度和深度的发展，决定了一个设计项目不可能仅仅依靠个人独立完成，而是需要一个合作的团队共同努力完成；另一方面，社会的快速发展已显示出了多工种、多专业的设计团体模式的优越性。它可以在有限的时间内，最大效率地综合利用团队的各种人力物力资源，快速高效地完成任务。设计团体可以是有着长期合作经验的，相对固定的团队，设计人员彼此之间比较熟悉，有着很好的默契；也可以是根据具体项目需要，临时组建的团队，其优点是非常灵活，可以按需选择并组织人员，保证了每人的工作效率。团队涉及的工种可以包括水工、电工、木工、泥工等；各专业人员可以是和环境艺术设计相关的各类专业工作者，如城市规划师、建筑师、平面设计人员、家具设计师，甚至可以是物理学者、地质研究工作者或是其他人员。

（二）设计管理的专业及制度化

环境艺术设计的规范性发展决定了设计管理的专业及制度化趋势。俗话说"无规矩不成方圆"。随着环境艺术设计范围扩大、内容增多、人员组成多样、工作流程复杂等情况，拥有一个严格的，制度化的管理体系已成为必然。现今，设计管理已经作为一门专业在各大高校开课，有了自己的专业工作者与研究人员。市场中，已经有了专业设计管理机构，它们起着调控与监督作用，在以后的发展中，也会出现明确的规范条例甚至法律法规。各环境艺术设计单位也可以根据需要拥有并完善自身的一套设计要求。这种趋势说明，设计管理的专业及制度化已成为设计行业发展的必然。

（三）环境艺术设计实践范围扩大

20世纪末的环境艺术设计，设计范围一直局限于室内设计与室外景观设计中，其中室内设计占据着环境艺术设计范围的大部分。随着学科不断发展，它的设计范围越来越大，越来越贴近"环境艺术设计"的概念。从理论上讲，一切关于人与环境关系的良性创造，还有人类生存环境的美的创造等相关问题，都在环境艺术设计的研究范围之内；实践设计中，设计范围也跳出了"室内"与"室外"的单一局限。在各环境艺术设计公司与研究单位承接的项目中，我们可以看到大到某地自然环境的保护与合理开发、某城市历史文化区的环境改造设计，小到某城市社区居民交流空间营造、某滨水空间亲水平台的细部尺度调整等等。当然其中也有公共与家庭室内空间环境设计和户外景观设计的内容。随着专业设计范围扩大，委托者、设计者、使用者对于细节的追求，要求设计人员掌握的知识也越来越多，技术要求越来越熟练，这从另一个方面又推进了专业向着广度和深度发展。

（四）设计材料与技术紧跟科技发展步伐

一门学科专业如要与时代共进，就势必紧跟科技发展脚步。在以往信息交流十分受限的年代，设计者在设计一件作品时，所选用的材料绝大多数都是在经验设计中经常使用的，具有很大的局限性，并且所采用的技术往往也都是通过其学习与个人工作经验总结后成功的、方便的技术措施，具有单一性与习惯性的特点。在现代信息社会，材料的发展日新月异，技术水平的进步速度也是之前任何时候都难以企及的。生态与可持续发展的大趋势使新材料越发节能与环保，如奥运场馆水立方的主要材料ETFE（乙烯四氟乙烯共聚物）膜材料具有自洁、轻巧、高阻燃性、坚韧、高透光性等优良性能；新技术的发展也以节约人力，施工方便，使用期限长为主要方向。这些新的发展都与科技进步密不可分。

（五）地域特色与时代特点的强调

曾经设计"国际化"的流行在一时之间使人们看到了无论何地何时期的设计都有相似的面孔，从而失去了设计的个性。现今的环境艺术设计，已经将尊重民族、地域文化作为其基本原则之一。各地具有地域特色与时代特点的优秀设计作品层出不穷，组成了百家争鸣、百花齐放的设计新视界，增加了设计活力。从大的方面来讲，一个阶段内国家大型设计活动旨在"为中国而设计"，其中上海金茂大厦、苏州博物馆新馆、首都机场 T3 航站楼无一不具有强烈的地域与时代特点；从小的方面，一个具有地域特点的雕塑作品，也可以成为城市的标志与象征。对地域特色与时代特点的强调符合设计的发展规律，它仍将是未来环境艺术设计的发展趋势。

（六）细节与后期服务体现出的人性关怀

在设计越来越专业化的今天，任何设计公司或团队想要取得瞩目的成绩并不容易，仅靠好的方案与说服力也不能够轻易打动客户。相反，在前期起着决定作用的客户会经过多方比较、反复比对，最终做出选择。这是市场发展的必然结果。在带给设计者或单位巨大压力的同时，对设计的良性发展起着很好的推动作用。为了在市场竞争中取胜，设计者必然会下苦功提高设计品质，并改良技术，使自己不断适应市场环境。因此，他们把目光投向了关乎设计品质的细节与后期服务中。

在整体作品令人满意之后，人们往往会把关注点集中在局部，集中于设计的细节之中。一个整体设计受人欢迎的儿童房，拥有令人喜悦的色彩配置效果与家具设计，却因为一个被忽视了的家具转角（有可能因其锐利或位置不好对儿童造成伤害）而被放弃，这无疑是令人沮丧的。有人说"细节体现品质"，其实人们注意到的是细节体现出的人性关怀。一个拥有良好使用性能的家具，较好的采光通风条件的小庭院会使使用者感觉在空间环境中受到了重视，身心愉悦。这就是细节与人性关怀的魅力。随着设计进一步发展，人们对细节的要求会越来越高。

环境艺术设计体系与管理制度化的建立和发展，还要求跟进后期服务，并在日后的发展中，重点强调对这一阶段的关注。后期服务，是在设计任务完成之后，作品进入市场并且已经投入使用时，为完善设计成果，使设计的价值得以最大程度体现，所进行的一项跟进式服务。它所体现出的仍然是人性关怀。一些设计成品在投入使用后可能产生某种具体问题，如由于使用者所在地理区域环境不同，使用方式存在较大差异所造成的设计成品使用性能差别，或是设计成品自身的使用耗损情况等。后期服务一方面可以为使用者提供便利，另一方面对于设计者而言，其可以通过观察和解决各种问题来改善设计，提升作品质量。

另外需要说明的是，人性关怀的对象包括所有使用者，在设计中要特别考虑老年人、儿童和残疾人的生理与心理方面的特殊需求，在设计中体现出对他们的关怀。

第四章　传统美学视角下的环境设计

环境设计首先需要建立在美学的基础之上。美学也是一门哲学，它主要是对美及其美感反应本质、规律进行研究的哲学。说到底，美是"有价值的乐感对象"。它是环境设计的关键因素之一。中国古代美表现为以"味"为美——中华美学的乐感精神、以"文"为美——中华美学的尚丽精神、以"心"为美——中华美学的主体精神、以"道"为美——中华美学的道德精神、天人合一——中华美学的适性精神。本章主要从我国传统美学视角下展开对环境设计的研究。

第一节　中国传统的美学思想

一、中国传统美学思想的主流

（一）中国传统美学思想主流

我国当代美学的思想是基于中国传统美学思想而来的，可以说，中国传统美学思想是中国古代关于美感体验及审美本质的基本思想之一，早在先秦时期就已出现，且与当时的艺术理论和哲学思想进行了相互融合。可以说，时代性、创造性与独特性都是它所具备的特征。

从中国传统美学理论角度来看，其主要美学思想的实质是由孔孟所代表的儒家思想、老子和庄子所代表的道家思想、佛教所代表的思想。这些思想不仅代表了我国传统的审美哲学，也是中国传统设计美学思想的基本要素。

1.儒家美学思想体现

（1）以"仁"为美学思想理念

儒家美学发端于孔子，其"仁""礼"无不体现出浓厚的人文精神，其中人本价值处于核心地位，"天时不如地利，地利不如人和"，把人与人的和谐放在天时和地利之上，人的地位得到了极大提升。"礼之用和为贵"，强调人与人、个体与社会的和谐之美。儒家美学经常把美与善这二者紧密联系在一起，要求既尽美，又尽善，美善统一。审美既要满足个体的情感欲求，又要维护社会的秩序统一，个体与社会必须和谐才能达到"礼乐相济""美善相乐"的境界。

（2）以秩序、和谐为美学思想

"不偏之谓中，不易之谓庸"，儒家以协调、秩序、和谐为美的审美倾向。"万物并育而不相害，道并行而不相悖"，儒家主张尊重与包容，同时要因时制宜、因物制宜、因事制宜、因地制宜，把握适度，至于中正。这是"中庸之道"的思维方式，也是儒家美学的原则，因此其倡导为人、做事、造物都不要偏激，处理矛盾要适度，恰到好处。

2.道家美学思想体现

（1）遵循自然规律

"天地之性，万物各有自宜。当任其所长，所能为，所不能为者，不可强也。"（《太平经》）自然界万事万物的存在和发展都有其自身固有规律，艺术设计也必须遵从一定的自然法则，顺势而为。

生态设计理念历史悠久，人类其实一直生活在自己所制造和设计的世界之中，但从始至终都没有脱离大自然。目前，环境破坏、资源缺失、人口过度增长等，已成为人类社会所面临的紧迫问题。然而，环境及资源又是制约着人类生存发展的两个直接性因素。

老子所提到"道法自然，无为而治"的观念，已成为当代绿色设计所必须遵守的一个规则。换而言之，所谓的绿色设计，需要顺应历史的发展潮流、具有生命力、具有可持续发展性，取法自然、不可逆自然的设计。

艺术设计理念的发展，从强调功能设计到提倡人性化、和谐、生态的绿色设计，体现了人向自然转化。"将人与自然结合起来，以满足社会的发展和人的需要"，这便是"道法自然"的设计理念。

针对当代工业设计领域而言，该领域设计人员在道家美学中受到了一些重要启发，如此便涌现出了诸多新设计理念，

在现代工业设计领域，道家美学启发了一些新的设计理念，例如产品的生态设计认为，在人、自然、人共同居住的环境中，人与人的关系是对环境的威胁，人、物、环境的关系得到妥善解决是解决环境问题、资源问题和自然保护问题的关键。在产品设计之中，引入道家美学思想，从大自然中找到灵感，用生态设计的方法，顺应事物客观规律，从设计本身考虑环境问题，使产品保持自身的自然灵性。

除此之外，在设计方法上，设计者要尽量尊重材料本身的属性，同时也尊

重使用者的自然属性和社会属性。绿色设计是在产品生产、消费、再循环和再生的环节中提倡的。通过进化或淘汰设计的产品变得更加自然，服从自然，最终回归自然。

"道法自然"就是反对物对人的奴役，摆脱社会各种人为的不合理的规范桎梏，追求个性自由，在人和自然的永恒中达到精神的绝对自由，最终实现天人合一的境界。道为器之神，器为道之形；道为器之思，器为道之用，一切造物的设计，都是为人服务，造福于人的。"无为而治"的含义是指不胡乱作为，不随意作为，不违道作为，对顺应"道"的事，则需有所作为。而有所作为，必须是顺乎自然的自然而为，而不是人为之为。现代产品设计首先是"功能比形式大""人为本"，今天以"生灵为本"、以"自然为本"，是道家美学对设计行为从"物"到"人"，再到"自然"的引导和回归。以"自然为本"的绿色设计，着眼于人与自然的生态平衡关系，对设计过程的每一个环节都充分考虑环境效益，尽量减少环境破坏。

优秀的产品设计，必须利用现代科学技术，使产品转化为以人为本、为人服务的生活产品，为满足人的需要，赋予产品生命、灵魂和文化内涵。在环境设计领域，美国现代主义建筑大师赖特所设计出"流水别墅"这样依山傍水，与自然融合为一的建筑精粹，就是借鉴了中国老子《道德经》中的空间观念。赖特的流水别墅，是受"道法自然"启示设计的经典之作，它将建筑与自然环境很好结合起来，建筑使用的材料主要取自周边环境，其色彩也与自然环境结合，这样建筑仿佛是从山中长出一般，整个设计就使人进入了一种诗一般的境界，给人以舒适的居住享受。

（2）认清实质、抓住关键

道家美学认为，大道理往往是极其简单的，只是人们没有认清事物的本源和实质，抓不住事物关键，才会把简单的道理变得复杂化，甚至迷失在自我制造的纷繁复杂的迷局中，"信言不美，美言不信"（《老子》）

因此，艺术设计把握事物的本真就要去除不好的部分，留下好的值得借鉴的部分，分辨出事物的本质和要害，将那些可有可无、非本质的东西，创造出简洁、素朴、未经人工雕琢和污染的自然状态，"大巧若拙，大辩若讷"。太极椅是一件借鉴传统太极图案设计的家具产品，它造型简约，利用材质的自然纹理和光线变化，阴阳双鱼的巧妙联结和高度变化，使家具在饱含韵味的同时产生极其精致的美感，从而体现出现代与传统的完美交融。

3.佛教美学思想体现

佛教认为人的一切苦痛的汇合在于生老病死、求不得、怨憎会、爱别离、五取蕴。佛教认为，万物都是无限生命中的现象，因缘使世界万物存在。过去的积累是因，现在是果，现在的积累是因，将来为果，因果重重，相续无尽。既然我们看到宇宙中的生命没有开始也没有终点，我们就能够破除一切偏执，与真如世界相契合，与天地精神相往来，把心量放到无量无边的大。只有破除客观与主观两种执念后，我们才能领会人生真谛，从而达到"无我"的佛的境界，这就是佛教的意义。

正如李泽厚先生说的："禅宗同整个中国哲学一样，其趋向和顶峰不是宗教，而是美学"。其思想的道路"不是由认识、道德到宗教，而是由它们到审美"。这种审美境界和审美式的人生态度区别于认识与思辨理性。它即世间而超世间，超感性却不离感性；它到达的制高点是乐观积极并不神秘而与大自然相合一的愉快。这便是孔学、庄子与禅宗相交通之处。

佛教本质上又是一种生命哲学，面对生命的短暂性、脆弱性和痛苦性，面对社会的黑暗性、苦难性，佛教提供一种解脱与救度现世苦难与生死问题的思考和存在路径。

（二）中国三大传统美学思想主流间的关系

看似相互斗争的三大美学思想（儒家美学思想、道家美学思想、佛家美学思想），其实质上进行了相互的交融，将各自所具备的不足进行了填补，最终形成了一个"三足鼎立"的局面，在一定程度上推动了中国传统美学思想的繁荣发展，在历史、艺术创作、文学以及现代设计中起到了不可估量的影响。

对于传统美学本身来说，儒家思想作为它主要的基础，只为民族生活秩序服务，是设计美学中最少的传统美学思想。与此同时，道教思想和禅宗思想不仅对儒家思想进行了突破和整合，还带来了许多实用的美学思想。道教思想和禅宗思想的设计美学思想特别体现在现代环境艺术的设计中，如道教思想的"大象无形"和禅宗思想的"梵人合一"等。

我们可以理解为，以儒学为主体的中国传统美学是道家思想和禅宗思想的结合，具有强烈而丰富的设计美学特征。因此，解读儒家思想、道家思想、禅宗思想，是为更好地发掘中国传统美学中的审美设计理念和设计美学，从而表现出中国传统美学的重点。

二、中国传统美学思想的本质

中国古代审美哲学思想及中国古代艺术创作的基本美学思想，构建了中国传统美学思想。大部分学者认为，中国传统的设计从来没有把美作为设计美学的最高追求。它最根本的目的是表达当时人的世界观和人生观，即表达社会的主流思想。

"文、味、心、道、同构"是中国传统美学思想的本质，是美学思想构成的复合互补系统。

中国传统美学思想是最具民族特色、最具核心力量的美学思想，起源于中国传统观念，发源于中国传统感知履历交融、道德偏尊的文化土壤，与此同时，它还是展示中国古代独特人生观和世界观的审美哲学。中国传统美学与西方美学是有所区别的，中国传统美学所追求的是把本体融入自然世界中，而非像西方国家那样去追求世界之外的某种超越形而上的本体。

中国传统美学把宇宙、自然与人性看成一个整体的不同方面。禅宗思想所提到的梵人合一、空寂、无常、悟、不立文字等理念，更注重体验者自身心境的修行。"心"是由我们的思想控制的，因此"心"的修养更多的是一种自我实现，是对自己思想境界的一种提升，是一种精神上的启蒙。禅宗的思想被称为道，即在心所欲的时刻，人们懂得如何让自己平静下来，放下心来，把世界变成一个完整的世界。禅宗思想否定了外部浮夸的现象，提倡内在本质特征，这对艺术美学特征的表现和设计思想的建议具有深远的启示意义。

由此可知，儒学、禅宗思想、道家思想无法用语言表达的境界是设计理念和艺术美学所共同追求的境界，它是一种既清晰又不确定的界限。中国传统美学和现代环境艺术设计的精神实质也必须放到儒家思想、道家思想、禅宗思想的背景中去理解。

第二节　中国传统美学的继承

一、批判与继承

众所周知，中国有着悠久的历史文明，与世界其他民族的文化相比，中国传统美学具有绵延不断、源远流长、博大精深和气势恢宏等特点。

对于中国传统美学而言，它并不是完美无缺的。因此，人们在欣赏它的独特魅力之时，还需要对它所存在的不适宜时代的部分进行批判，保存适宜的，去除陈旧的，继而有选择地进行继承。

传统文化不仅具有保守的守旧思想，还蕴含着改造旧文化的进步趋势；不仅是社会文明的包袱，同时还是开拓进取的动力源泉之一。随着新技术和新材料迅速发展，世界文化不断交融，若我们不能批判那些不符合当代的传统美学，那么我国现代环境艺术设计就会远离时代精神，重蹈闭关自守的覆辙。

（一）关于批判

这里所提到的批判，主要是对中国传统美学中与时代不合拍的美学进行摒弃，批判阻碍我们进步的消极因素。中国传统美学中森严的等级制度，体现在传统建筑与室内装饰中，包括装饰部件、色彩的使用等，有等级的划分，宫廷建筑与普通民居有着天壤之别。这种等级制度在当时具有重要的意义，但是在讲究人人平等、追求自由个性的现代社会便是不可取和不适用的。

（二）关于继承

这里所提到的继承，主要是弘扬中国传统美学中的精华，继承其在现代环境艺术设计中能够发挥积极作用、推动设计思维前进的美学思想。在分析和研究中国传统美学的过程中，我们了解了古人的美学理念，譬如天人合一、崇尚自然、整体为美、虚实结合等，这些美学理念不仅为传统建筑与室内装饰提供了理论依据，也对现代环境艺术设计的文化内涵具有同等重要的指导意义。

二、取其精华，去其糟粕

任何事物都不是单一的，都具有双重属性，因此我们在对某一问题进行分析时，需要从事物整体出发，从各个方面对该问题进行分析。

众所周知，民族风俗、文化、地域差异使我们的世界变得多元化，因此设计师应掌握不同人群的文化素养和个性特征，完成设计工作，在继承中国传统美学思想的过程中，设计的灵魂应不断创新，学习、吸收其精华，放弃其糟粕。我们不应盲目重复古人的设计方法，也不应盲目放弃传统，应该在尊重历史的基础上，选择性继承中国传统美学，不断满足人们需求。只有理解时代特征和个性需求，才能将精髓引入现代的环境艺术设计中，才能持续进步。

在长期发展中，现代环境艺术设计根据不同地域、不同的民族风俗、不同的文化底蕴，形成了多种风格和流派。在对国人传统的审美设计理念进行借鉴与吸纳的同时，我们还需要不断创新、改造旧的、消除旧的、不适宜的、吸取其精华、适应当地情况、使每一个元素能够正常发挥其作用。道法自然、返

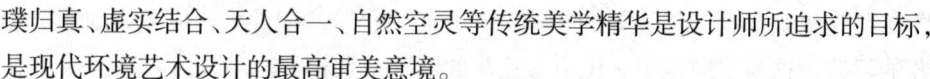

璞归真、虚实结合、天人合一、自然空灵等传统美学精华是设计师所追求的目标，是现代环境艺术设计的最高审美意境。

三、综合与创新

（一）综合的含义

第一，在对中、西文化的对比研究中，比较中、西美学思想区别，把握中、西文化的不同特点。对中、西美学进行仔细辨别，根据时代要求，将中、西美学的先进思想有机结合起来，应用到现代环境艺术设计之中。日本的现代环境艺术设计就是在当地文化传承的基础上，不断吸收各种思想，弥补自身文化缺失，形成了双重优势。在这方面，日本值得我们的研究和借鉴。现代环境艺术设计必须以宽泛的思想，放弃自我封闭、盲目排斥、夜郎自大的狭窄民族主义和偏见，不断融合和吸收有利于现代环境艺术设计发展的审美思想和文化。

第二，在研究中国传统美学的过程中，不能从一个学派出发，而要认真研究儒学、禅宗、道家、法家等不同时期的美学思想，从全方位出发，综合探索出适应现代环境艺术设计的新理念。

（二）创新的含义

创新是基于社会发展、历史进步和时代要求的综合方法的新的艺术创作而产生的一种新的艺术创作。根据现代技术和材料的发展程度，现代环境艺术设计中的人、人与物、物与物的关系，中国传统美学的创新应升华中国传统美学的思想，然后将其融入现代环境艺术的设计中。例如，在现代环境艺术设计中，对古人的整体意识的创新是内部和家具的集成设计、整体情绪的建构等。我们还可以将古人的设计技术应用于现代环境艺术设计，这都属于对中国传统美学的创新。

四、古法再现

中国古代建筑的装饰艺术设计给后人带来了无数的惊叹与震撼，其中的思维方式和创作手法充分体现出了中国传统美学中美善统一、崇尚自然、虚实结合、天人合一等的美学思想，从而形成了中庸之美及天人合一等审美哲学。

在现代环境艺术设计中，虽然我们不能直接引用传统的装饰艺术，但我们可以从包含传统美学的创作手法中找到设计灵感，辩证地将古人的艺术创造技术通过转换、适应等方法辩证地集成到现代环境艺术设计的创作中。例如，中

国传统建筑则受到《易经》的影响，在开间、台阶、配件中形成了崇尚奇数和九的习惯，这与中国传统文化中"礼"的制度息息相关。

在传统室内设计中，内、外空间的关联性、内部空间组织的灵活性等创作经验，对于现代环境艺术设计而言，仍然具有重要的意义。

总之，要将中国传统美学融入现代环境艺术设计中，应该坚持从国情出发，坚持以今为主、为今所用，辩证取舍、择善而从，努力吸收借鉴中国古代建筑大师的成功经验。

第三节 中国传统美学中的环境设计原则

一、整体原则

（一）整体原则的定义

所谓整体原则是指设计应该以整体美作为前提，始终贯穿于中国传统美学的设计美学原则。

（二）整体原则的意义

整体原则也是现代设计美学的设计审美原则和艺术创作原则。在中国古人的眼中，自然万物是一个有机整体，艺术创作的使命就是反映、展示、参悟这一整体。在中国美学史上，几乎所有的艺术家都把整体美作为艺术创作的最高追求。

"古者包羲氏之王天下也，仰则观象于天，俯则观法于地，观鸟兽之文与地之宜。近取诸身，远取诸物，于是始作八卦，以通神明之德，以类万物之情。"（《易传·系辞下传》）在这里，古人告诉我们，对天地万物的把握与体悟，应该在近处取自于自身，在远处取自于万物，采取仰观俯察的方式，多角度、全方位地表达万物的情状。受到《易经》太极圆融、天人以和、尚中守正等思想的影响，孔子提出了中和之美。从而提出"乐而不淫，哀而不伤"，孔子以简朴、自然、人为本，认为只有把握好这第三者间的关系，才能将完美中和发挥得淋漓尽致，最终呈现出中和之美，即整体之美。在老子的眼中，自然万物在本质上是不可分割的整体，是可以相互融通的，是一个一以贯之的东西，这就是"道"，世界就是一个完整的自然。因此，老子的美学理论也是建立在整体美的基础之上的。庄子明确指出，"道"的美就是"大美"，所谓"大"，即是整体，"大美"就是整体的美，它广泛存在于宇宙天地之中。庄子在界定"大美"的同时，也给出了整体观照的欣赏方式，这种方式深刻影响了中国古人的审美实践。

整体原则使环境艺术设计中各个物体通过一种媒介或元素作为连接的纽带相互关联并存，最终形成统一的整体。在环境艺术设计中，整体原则包括精神和物质两个方面。精神方面主要包括设计风格和表达的人文内涵；物质方面则是人们能够切身感受到的，如听觉、视觉、触觉等所带给人们的直观审美感受。

二、生态原则

中国人历来都崇尚自然，强调天人合一、道法自然等美学理念，注重人与自然和谐共处。这些美学理念与今天人们所倡导的生态环保、可持续发展原则不谋而合，其目的皆是促进人与自然、人与社会、人与人之间的平等和谐发展。随着生态环境日益恶化，人们的生态环保意识也日渐强烈，在全世界人民高度提倡生态环保的今天，保护和改善自然环境已经成为人类共同的任务。而我国的禅宗思想、道家思想早在数千年前就已经提出了人与自然和谐共处的审美哲学。

（一）对和谐自然的敬畏与爱戴

人们对中国传统美学的研究表明，我国古代的美学家和艺术家始终都是以一种敬畏与爱戴之心来对待自然环境的，在设计美学上的具体表现就是对自然的合理运用，成为设计审美和艺术创作最基本的原则。也就是说，在中国传统美学家和艺术家的观念中，艺术创作与设计是否敬畏与爱戴自然，是决定一个对象是否具有时代审美价值的重要因素之一。

（二）对自然之景的欣赏之情

我国古人对大自然往往表现出崇拜之情，但对于他们来说，大自然并不是一种凌驾于人类之上、令人恐惧的环境，而是一个可亲可近、令人赏心悦目的审美对象。从古人的文章、诗歌和绘画当中，我们可以深刻体会到他们对自然之景的欣赏之情。可以说，在中国古人的眼里，自然万物时时刻刻都表现出了美的特征。

（三）自然万物的平等一体

中国古代的美学家认为，自然万物与人类一样应该受到平等的尊重对待，具有存在的合理性。庄子明确指出世间万物在本质上是一样的、平等的、没有差别可言的。我国古人是以一种同情和尊重的态度来对待自然万物的，视其如朋友一般。因此，他们很少破坏自然，总是力求适应自然。

生态环境发展观必须由生态伦理观和生态美学观共同驾驭。

首先，现代环境艺术设计应当尊重自然、节约能源，尊重自然是生态设计的根本，是一种人与自然环境共生意识的体现。

其次，现代环境艺术设计要根据不同的区域气候特点和地理因素，充分利用当地的材料，延续当地所特有的文化习俗，将现代高新技术与当地的技术结合起来。

最后，作为传统用户和美观设计与现代设计理念之间的桥梁，现代的环保艺术设计在设计中应尽可能将自然环境引入室内环境，借助清新的空气，在自然条件下创造室内环境的生态设计，充分利用自然资源，达到保护生态环境的目的。

三、多元原则

中国传统美学的多元原则主要体现在审美活动的多样性、审美主体的个性差异和创作风格的多元变化上。中国古人在崇尚和感知自然环境的同时，感觉到在自然界和人类现实世界中美的存在形式多种多样，并用各种艺术形式与艺术手法来称颂和表现美。在美学家的眼中，美的形式是丰富多彩的，自然界中任何一种形式的存在都有其独特的审美价值。除此以外，由于审美主体不同，人们对审美对象的感官和看法也不尽相同，正所谓"各以所禀，自为佳好"。创作主体的个性千差万别，创作出来的艺术作品便呈现出纷繁多样的形式。地域的不同、民俗风情的差异都直接影响着艺术作品的风格，中国传统美学家不仅对这种差异性报以宽容态度，还提倡创作风格多元化，并且鼓励传统美学与现代环境艺术设计思维相交融，探索多元化的设计风格。

四、创新原则

中国传统美学在很大程度上是由于拥有属于自己的气质才自立于世的，而这种气质主要是来自一脉相承的文化和精神。创新意识是贯穿于中国人脉之中，世代相传的重要精神因素，它在一定程度上赋予了中国传统美学一种独特的精神风貌。

所谓创新，即开放超越、摒弃封闭，换一种视角来看待事物，从而得到一种新的美学思路和设计风格。早在我国古代，人们就已开始倡导艺术创新意识，并进行了各种相关活动实践，在灿烂的中国传统文化中留下了许多不朽的作品和大量的文本资料。对于中国古代美学家和艺术家的审美思想而言，创新是中国传统美学中的重要审美评价准则。

中国古代美学家的创新并非违背和离弃大自然的生存法则，而是顺应自然发展，将自己的美学思想与自然相融合，最终达到天人合一的境界。中国古代不同思想派别的宗旨不同、倾向不同，创新意识的表现方式也不同，但从总体上看，中国人绝不保守倒退、抱残守缺，而是主张温故知新、吐故纳新。

五、人性原则

纵观中国传统美学的发展历程，其中非常突出的特点就是始终贯穿着关注人、重视人、崇尚人的人本主义情怀。兴观群怨、大道为美、妙悟、意境等理论观点，都是围绕着人的性情与人格精神等方面提出的。在这种美学思想引导下的艺术创作，充满了对人性情感精神的关注和对生命价值的肯定。其对于现代环境艺术设计创建完善人文精神，营造具有中国特色的现代环境艺术设计文化，是一笔十分宝贵的思想财富。

环境艺术设计的最终目的是供人居住和使用，以人为本就是在进行环境艺术设计的时候把人的因素放在首要位置，处处为人着想。可以说，该设计理念与我国传统美学思想中以人为本的思想是相同的。设计师要根据现代人的情感需求和审美要求进行设计创作。由于生理和心理需求、生活习惯、文化层次、阅历等不同，人们对环境艺术设计的需求也不尽相同。将人本主义融入现代环境艺术设计中，除了能体现中国传统美学精髓之外，同时还是当代人们追求情感和美学的一种必然结果。

以人为本的现代环境艺术设计思想除了要关注不同消费者心理和生理上的需求，给他们提供更便利、更舒适的工作和生活环境，在精神上给予他们体贴与关怀，还要考虑环境空间使用的特殊人群（如残疾人、老年人、儿童等）。这类人群具有特殊的使用要求和消费心理，因此设计师在规划休闲、娱乐等公共空间的室内环境时，要将这些特殊人群的需求考虑进去，让他们在便利使用空间的同时也能够感受到社会的温暖。

六、统一原则

中国传统美学中的尽善尽美、文质彬彬向后人呈现出形式与内容的关系，即只有将美与善相统一，才能达到艺术创作的最高境界。中国古人对美的追求十分高，它不会仅停留在浅显的表面上，而是将美与功能结合起来，赋予美内涵。

在现代环境艺术设计中，建筑的结构部件已经很少暴露在外面，我们也无须对结构部件予以装饰。但基于古人这种形式与功能的统一原则，人们在现代环境艺术设计中应注重功能美与形式美的统一。功能美是形式美的前提和基础，形式美是功能美的增强体现。环境艺术设计的主要目的是为人们的生存和活动创造一个理想的地方。基于此，环境艺术设计不仅要具有高舒适度和高科技的功能，还要在表现形式方面给人以优美的感觉。不能单纯追求形式或突出技术而影响或破坏其实用功能，也不能只有实用功能而忽视了其外在形式所能唤起的人们的审美感受和审美需求。

七、适度原则

中国传统美学中的中庸思想一直影响着中国文化发展，并占有主导统治地位。这种中庸思想要求凡事都要进行有度的限制，不能"不过"，也不能"太过"，要适度。在现代环境艺术设计中，设计师也要把握好这个"度"，在装饰上既不能过于烦琐，也不能过于简单，在尺度和色彩等方面也要考虑均衡，根据实际情况来把握"度"的分寸。马姆斯登说过"适度则久存，极端则失败"，亦是表明在设计中人们要把握好适度原则。

可以说，中国传统美学反映出的这些现代设计美学原则都是相辅相成的，一种原则的体现需要其他原则的支持才能达到最终效果，才能达到设计最根本的目的。在建筑与室内设计不断发展的今天，丰富环境艺术设计精神内涵的方法与原则还处于不断的探索与实践中。

第四节　中国传统美学在环境艺术设计中的应用

一、儒家美学思想在环境设计中的应用

（一）"仁者爱物"思想在环境设计中的应用

"仁"是儒家美学的核心思想，换而言之，它强调且追求的是人与环境、人与人之间的和谐共处。因此，面对设计需求，环境艺术设计师面临的最大问题是在设计的相对美与人的需要之间进行权衡，若这个问题不能解决，那么一切都是空想。设计的相对美与人性需求之间的矛盾是国内外环境艺术设计活动的一个重大矛盾。如果我们从儒家美学思想的角度来解决这个问题，结果就会变得更加理想。

儒家美学道德理念强调了礼、义、仁，这种仁爱自然万物的思想正是现代环境艺术设计最需要培养的，同时也是现代环境艺术设计必须遵循的设计美学法则，因为这一美学法则能够在一定程度上促进设计造物在人类需求和自然资源之间达成生态伦理平衡。

（二）"尽善尽美"思想在环境设计中的应用

儒家美学强调美与善的统一，并将其作为美学的最高理想，因此任何艺术不仅要有美感，还要合乎礼教要求，美与善的统一使人们在获得审美愉悦的同时，又陶冶了情操。儒家美学重视物的意义与内涵而不是物的外在形式，这种观点反映在古典园林设计中植物的配置上，观赏者不能单纯欣赏植物的形状、颜色等自然之美，还要强调植物的意境和儒家品德象征的伦理道德之美。

承德避暑山庄的"万壑松风""曲水荷香"，拙政园中的枇杷园、玉兰堂、海棠春等，都是以花木比德进行景观主题命名的。人们把自己的情感、思想寄托其上，使植物也有人的情操，"玩芝兰则爱德行，睹松竹则思情操"。在儒家美学看来，树木花草皆可用来表达人的理想和意志而成为人们精神生活的一种载体，因而极大丰富了古典园林的抒情意味。

我国古典园林中特别注重寓情于景、以物比德，以物比德就是儒家美学观物比德的影响。自然美的各种形式属性在儒家审美意识中不占据主要地位，相反，儒家美学赋予自然景物各种象征意义，并在观美比德中体现物与我、人与自然的统一，把作为审美对象的自然景物看作是品德美、精神美和人格美的象征，竹、松、梅、兰、菊、荷及各种形貌奇伟的山石就成为高尚品格的象征并在园林设计、家具装饰等方面广泛使用。

（三）"天人合一"思想在环境设计中的应用

"天人合一"的概念最早为道家所重视，此后儒家美学成为重要的理论之一，儒家认为天是自然的万物，是自然的法则，人类是自然界的一种生物，自然必须受到天的影响和支配，儒家美学提出的"畏惧天命"就是人类要尊重和服从自然法则和法则，要把自己的行为约束在自然规律中。儒家美学的"天人合一"体现出的整体、和谐、适度等观念都是建立在"天人合德"基础上的，在天人关系上，儒家认为，人的道德原则是与天道一致的，人的道德心性受制于"天"，只要尽力扩展人性所具有的善端，天性与人性就可以相通，实现整体的和谐之美。

在封建政权与秩序的阴影下，儒家美学完成了从理论形态向大众形态，从

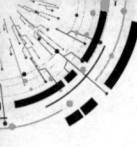

抽象形态到具体形态的转化，儒家天人合一的美学观在园林设计中的影响，主要是在空间上考虑除满足人的需要之外，同时考虑天、地、人三者之间的秩序和关系，即人、建筑与环境的和谐关系。这种源自于自然而又胜于自然的审美渗透，影响了园林设计建造山、水、林和谐共存的风格，使人工环境与自然环境达到最大限度统一。

二、道家美学思想在环境设计中的应用

（一）道法自然思想在环境设计中的应用

道法自然是道家美学最基本的核心内容，"自然""天文"和"人文"的概念是我国古人在先秦时期提出的，"观乎天文，以察时变；观乎人文，以化成天下"。观察天道运行规律，以认知时节变化；注重人事伦理道德，用教化推广于天下。"人法地，地法天，天法道，道法自然。"简单阐释为人要以地为法则，地以天为法则，天以道为法则，道以自然为法则。

道家美学研究分析了人类和宇宙中各种事物的矛盾之后，精辟涵括、阐述了人、地、天乃至整个宇宙环境的生命规律，认识到人、地、天、道之间的联系。宇宙的发展是有一定自然规则的。大自然是依照其固有的规律发展的，是不以人的意志为转移的。因此，大自然是无私意、无私情、无私欲的，也就是我们提倡的所谓的道法自然。我们在环境设计中一定要遵循大自然的规律。

（二）大象无形思想在环境设计中的应用

道家的"自然"观凸显万物的本性，一是"本然"，二是不借他力，"自然以成"，即"生而不有，为而不恃，功成而弗居"。

"夫虚静恬淡寂寞无为者，万物之本也。"在道家看来，作为万物之本的自然之性，其真性在于无形、无象、无声、无为、纯粹、素朴，简、淡是道家的美学追求，"道"不仅无形无象，而且虚静恬淡、寂寞无为。既然"道"无形式，那就应该最大限度地淡化形式："筌者所以在鱼，得鱼而忘筌；蹄者所以在兔，得兔而忘蹄；言者所以在意，得意而忘言。"（《庄子·外物篇》）这样才能体悟自然无为的"道"。而"简"不是简单，而是苦心经营，大巧若拙，形若隐若现，却能启人悟道。"淡"也非浅淡，而是淡然无极、似淡而味深，"朴素而天下莫能与之争美"（《庄子·天道》）。"大音希声，大象无形，道隐无名。"（老子《道德经》）理念诠释了人类对待事物的审美应当有意化无意，大象化无形，不要显刻意，不要过分主张，要兼容百态。

道家不赞同把审美停留在感官享乐的低层级趣味上面，而应追求更高层次的、超感官的境界，寻求人生乐趣，那是高尚、纯粹的精神之乐，亦即得道之乐的境界。我国苏州古典园林在空间处理上，受道家美学影响，通常采用含蓄、掩藏、曲折、暗示、错觉等手法，巧妙运用时间、空间的感知性，丰富空间层次，虽看似简朴自然，却妙趣盎然，小中见大，使人产生景外有景，园外有园的感觉和遐想。汉代石刻装饰艺术，受道家美学影响，古拙、质朴，但古拙之中见深沉，耐人寻味。

（三）辩证思想在环境设计中的应用

1."虚"与"实"

道教的审美追求不在于有限的具体存在的事物，而在于具体存在事物之外的虚空，还有若有若无的美。这种虚实的审美取向对中国的艺术设计产生了巨大影响，最终形成了虚实的审美追求。例如，中国古典园林设计中的亭台楼阁，"江山无限境，都聚一亭中""唯有此亭无一物，坐观万景得天全"，尽显虚实之妙。环境艺术设计用"虚"来造境亦能"纳千顷之汪洋，收四时之浪漫"，虚空的审美情调能冲破形质束缚，引发无边遐思。空间不仅能构成一种静止的画面，而且还会营造出生命的运动感，使人在"步移景换"中得到空间层次感觉，即亦静亦动、亦虚亦实、亦隐亦现的绝美意境。

可以说，"虚"既是中国哲学中的一个重要范畴，也是中国美学中的一个重要范畴；它不仅自身内涵丰富，而且与其他相关的范畴，如"无""静""明""鉴"等都有十分密切的关系。

2."动"与"静"

道家美学认为，自然界的根本是清静无为的，尽量使自然万物虚寂清净，则万物一起蓬勃生长。自然万物纷纷芸芸，各自返回到它们的根源，这就叫清净。清净就是复归于生命表明了道家美学提倡万物守净的道理。

道家美学认为，宇宙是阴阳的结合，是虚实的结合，宇宙自然万物都在不停变化、发展，有生有灭、有虚有实。中国传统室内环境布局的特点，也是运用"计白当黑"的美学思想，通过内部空间的灵活组合来完成对空间布局、立面造型及家具陈设等的艺术处理。

3."有"与"无"

"天下万物生于有，有生于无"（老子《道德经》第四十章），我们通过这句话不难看出，老子认为是"有"和"无"构成了宇宙万物，如天为无，地为有，

天因地在，地因天存，二者间的联系十分密切，缺一不可。

换而言之，"有"和"无"是世间万物统一的根源，当然这也可以说是"实"和"虚"之间的相互统一，美的境界即统一，统一即美的世界，环境设计要保持和周围环境的统一和谐。

三、佛教美学思想在环境设计中的应用

（一）空灵简约思想在环境设计中的应用

"空"是佛教的重要观念，也是佛教义理的最高范畴。"空"已成为佛教徒从各种痛苦、束缚、烦恼甚至生死中解脱出来的主导概念。佛教主张观察空虚，实现空虚，进入涅槃之门，也就是所谓的"空门"。

"空"是佛门的观念，佛家追求的最高境界，是修行的"理想之空"。为这种理想的境界，修行者要"离一切色相"而入"虚空处"，唯有得到"虚空处"，才算是到"实有处"。而灵之意境的产生与"空"是分不开的。人因为以"清净"的心性静观周围，所以心生万物，由于心地明镜而观察分明，从而因"空"才见出"灵"，"空"是"灵"的前提和条件。但是并非有"空"，就能产生"灵"，"灵"的意境还与人对万物的瞬间把握有关。人人皆有佛性，但由于人心中所生的妄念覆盖了真如本性，使其不能认识自己本有的佛性。真如佛性不是语言所能传达，概念所能表现的，只能由心悟，向心求，靠心领神会、沉思默想或顿悟才能把握到它的存在。宗白华先生说："色即是空，空即是色，色不异空，空不异色，这不但是盛唐人的诗境，也是宋元人的画境。"

刘熙载在《艺概》中认为空灵理论代表人之一的司空图，提出"超以象外，得其环中""不著一字尽得风流""味外之旨""韵外之致"等著名论断，就流露出禅宗"不立文字，教外别传"的空灵美学观。体现在艺术设计上，空灵从内容结构上看，不是一个真空结构，而是一个有与无，虚与实的结合体，是以简洁实在的线条、色彩勾勒出无限的想象空间。在接受效果上，达到言有尽而意无穷的境界，在不同的接受者中，产生同中有异，异中有同，很难用语言穷尽的感觉。空灵的设计往往注重空白处与画面实体的巧妙融合，能形成超出其形象之外的灵动之美，产生灵动悠远的艺术效果，如日本的枯山水园林，正是禅宗美学理念形象的显现。

（二）宁静致远思想在环境设计中的应用

佛门修行悟道，需要"空寂"之心，人要真正脱离苦海，就要把一切看空。

故而佛教崇尚般若空智和静观默照，所谓"不得般若，不见真谛"，"圣心虚静，照无不知"，催生了美学构思论上的"虚静"学说，即"虚心纳物""绝虑运思"，并催生了一系列以静寂、虚静为特质的艺术创作。笃信佛教的大词人苏轼论道："欲令诗语妙，无厌空且静。静故了群动，空故纳万境。"（《送参廖师》）只有心静了，才能体悟自然界里的动；只有将心置于虚空，才不为成见所蔽，才能容纳万般妙境。它主张审美创造需要有"空静"的心态，只有处心于静境才能摆脱动境干扰，才能洞察万物的纷纭变化，才有神来之思。对艺术家来说，摒除杂念，保持空静的心态，可以获得最大的思维空间以创造神完气足、宁静而致远的艺术佳作。

如贝聿铭设计的苏州博物馆，在现代几何造型中体现了错落有致的江南特色，粉墙黛瓦格局，加之经过简化、雅化的装饰性灰色边饰，带有东方意味的线条之美，既体现出与片石假山相呼应的中国水墨情趣又体现了西方现代抽象画的装饰和平面美，使博物馆和苏州整体的风貌和谐统一，于轻巧、灵便、精致中给人宁静而悠远的美感。尤其让人赞叹的是，贝聿铭在设计中有意缩小了博物馆的建筑面积，而留出了一大片的庭院和水塘，在它们上方形成的空间中让我们很自然地联想到中国画中的"留白"，这种"留白"可以减少建筑太多太实对空间造成的挤压感，增加建筑的灵气并给人以邈远、开阔的精神想象。

（三）赞美光明、追求光明思想在环境设计中的应用

光明是令人视觉愉悦、心情舒畅的物质现象，世俗之人以之为美。佛教从缘起论出发认为"色即是空"，"光明"作为稍纵即逝、空幻不实的假象之一，自在其否认之列。同时，佛教又从缘起论和中观论出发认为"色复异空"，进而走向对世俗审美趣味的随顺和对光明之美的变相肯定。

在佛教看来，芸芸众生都在昏暗的情欲世界里挣扎徘徊，只有佛教修行所达到的心性之光、智慧之光才能把这似乐实苦、似美实丑的昏暗世界照亮。为此佛教批判昏暗之丑，赞美"外光明"之美，并吸取这种"外光明"之美为营造佛、菩萨的"身光明"服务，借用这种"外光明"来比喻形容领悟佛法的"心光明""法光明"之美，进而将光明之美的根本置于"心光明"之上，从而完成了对"光明为美"思想的独特建构。所谓"外光明"，即外界存在的种种光明或显现光明之物，如日、月、灯、火、金、镜、珠等。佛教有大量以"日""月"取名的菩萨和经典。人们通常所见佛、菩萨身体鎏金，金光闪耀，其顶后常伴有一轮圆光，这叫"火光佛顶""火聚佛顶"，此即"身光"。佛、菩萨的"身光明"，来自其"心光明""智慧光"，体现出赞美光明、追求光明之美的趋向。

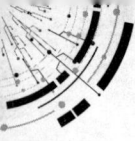
（四）圆满、圆融思想在环境设计中的应用

最早以"圆"作为审美标准论文艺的是南朝齐代的谢朓。真正确立"圆"在文论史上地位的是齐梁之际出现的刘勰《文心雕龙》。《文心雕龙》共50篇，"圆"出现18次，有16篇涉及创作论、作品论、鉴赏论等方面。"圆"在齐梁时代成为美学范畴，正如钱钟书所说："盖自六朝以还，谈艺者于'圆'字已闻之耳熟而言之口滑矣。"这与当时佛教的兴盛有关。佛经的翻译沟通了佛教之"圆"与中国圆形思维模式之"圆"，两者有着意义的一致性。佛教圆融观的实质是所谓圆通的精神。

佛教又强调"圆活生动""圆转流动"的动态美。这与上述刘勰论文之"圆"有着意义的一致性。"圆"体现在文艺上。

第一，创作论方面，作者艺术技巧达到完美境地的"圆通"。

第二，作品论方面，作品内容与形式达到高度统一的"圆满"。

第三，作品论方面，体现作品整体流动变化之韵的"圆活"。

这种追求"圆满""圆融"的美学观影响深远，追求"圆满""圆融"之美的艺术和设计作品俯拾皆是。

第五章 审美视角下建筑内部空间环境的设计

建筑内部空间环境设计的目标是创造能够满足人们在物质上和精神上的生活需要的建筑内部环境，创造美丽又适宜的生活空间，它是建筑设计的延续和深化，是对建筑内部空间环境的再创造。本章重点阐述了建筑内部空间环境设计的相关理论、设计要素、设计原则及设计风格。

第一节 建筑内部空间环境设计概论

建筑内部空间即人们常说的室内空间，室内空间设计启迪了人的智慧，并体现了人的生活品质及价值。它融合了艺术、科学、历史、社会、经济等多个领域。室内设计首先是对室内空间进行理解、重新划分、重新组合的设计过程。室内的空间环境既要满足使用价值，又要满足相应功能，与此同时它还需要体现出人文精神，反映历史脉络、建筑风格形式、环境本身的氛围营造等精神因素；其设计目标是"创造满足人们物质和精神生活需要的室内环境"，现代室内设计是不仅局限于对室内空间的单一设计，而是更新为一种综合性的设计，它不仅涵盖了视觉及施工工艺等要求，建筑物理环境的要求，还有身体、心灵感受、文化内涵等内容。

室内设计是个很庞大的概念，它根据建筑的使用功能、所处环境的地理条件因素和地域标准，通过对不同技术手段和建筑美学理论的应用来营造功能合理、使用感舒适、能够满足人们基本生活和精神世界需要的室内环境。室内设计在当下社会概念里，包括了室内装修、室内装饰等概念。室内装修是指在建筑主体结构完整的前提下，对于建筑内部布局或者是空间划分等不合理或者是存在问题的地方进行结构改造，此环节在室内设计范围内属于硬装修，需要动用瓦工、木工进行拆除和建设，以达到方便、合理的目的，工程量较大。但这一改造的前提是不能破坏建筑结构的安全。在室内装修完成之后要进行室内装饰，室内装饰与装修的区别在于实施的目的、过程、工艺等多个层面。当装修之后，空间和功能一般都趋于更加合理，装饰就是在此基础上利用家具、陈设等进行的空间修饰，美化空间，完善空间。室内装饰十分重视使用者的具体使用效果，如居室入口安放的玄关柜，其重要的目的并不在于空间，而是出于使用者的使用方便考虑。还比如，空间中的色彩、光线等也比建筑外部更加细腻和美观，注重视觉体验感受，借此来提高生活质量和突出使用者的喜好与个性。室内装饰的内容一般包括对地面，墙面，顶棚等界面的处理、材料的选取，家具、灯具和陈设物品的选用与搭配。

一、建筑与室内空间的关系

室内环境是一栋建筑物的内部空间，属于建筑的一部分。室内设计与建筑设计是相互影响相互配合的两个方面，室内设计一般是对建筑物的内部空间与装饰进行设计。

建筑物的整体形态确定了建筑物及周边环境的风貌和风格气质，自然也影响了室内设计的定位。在建筑的大概念下，室内设计是对建筑细节的进一步设计、深化。建筑各有不同的使用性质，针对不同的建筑，其内部空间在处理手法上也不尽相同，应持有对应的设计思路来拓展和创新建筑空间，以实现对整体建筑不断完善的效果。

（一）室内设计与建筑设计的差异

从空间的角度上来分析，建筑设计和室内设计存在共同的特征，但也有不同的地方。建筑设计通常是对于形态、功能、物理气候、结构等的全盘规划，科学性极强。例如，医院门诊楼设计，首先考虑的是整栋建筑的空间合理分割及人流疏散和消防安全问题，这些问题都是建筑设计中最重要的、最基本的问题，必须符合国家规范标准和审批，此规范大大限制和影响了建筑的形式要素，相对而言，形式要绝对让步于规范标准。医院中的疏散通道等空间是功能规划中优先于诊室等候区的。

室内设计因为离人最近，更关乎人的感受，更为细致。它通常是建筑建成后，根据空间功能需要，对建筑内部空间进行的空间改造、装饰装修的工作，例如房间内地面的铺设、墙壁装修、家具的添加及各种软装的应用等，室内设计是针对建筑的具体个性深入剖析而进行的设计，因此在设计过程中其考虑得更加整体和细致，这是其与建筑设计的明显差异。

（二）建筑设计是室内设计的环境依据

建筑设计对于室内设计有一定限制，建筑的形式和功能划分将直接对室内设计产生影响与限制。室内设计的第一件事往往是先看墙与梁的结构，如果建筑结构划分是合理的，那么室内设计就进一步的完善，较易操作；反之，室内设计就需要对结构和空间投入更多的关注，其首先要对空间承重、消防等问题进行考察，在此基础上重新划分空间，但此划分依然受到建筑设计限制和制约，不可天马行空，随意更改，否则建筑存在严重安全隐患，比如一套面积较小的室内空间，作为家居空间，面积不大，如何通过设计创造一个更好的空间内部呢？其内部承重结构是不能够随意变动的，因此在保留承重结构的情况下，可对可拆墙体进行拆除和重建，来改变空间划分，同时上下水管道不可以改变位置，这些会都对室内设计形成限制。室内设计就是在这些条件下重新调整空间、调整面盆、厨房，还有门的开启方向和位置，来改变空间的面貌，改善建筑设计的不足之处，从而达到较好的空间使用条件。

（三）室内设计是建筑空间设计的进一步完善

建筑是为人使用而提供的场所，此场所是老年人使用还是年轻人使用，使用的目的和意图是什么，都是建筑使用的根本问题。这些人文的问题直接影响了建筑设计的指标、室内空间结构、居住环境的基本要求等。建筑和室内如何解决人与人、人与空间、人与自然的关系，最能表达的方式莫过于室内设计了，营造舒适的室内空间环境已经成为室内设计师要面对的时代新课题。室内设计使得建筑功能具体化、标准化，增强了其目的性，同时也为建筑赋予了更多的艺术性特征。艺术于人是不可或缺的重要元素，室内设计的巨大潜能在于其对于艺术的社会表达。通过创造有明确设计主题和创意的空间，使得建筑也更加具有精神魅力和艺术品位，这是很值得"环境艺术"领域不断思考的问题。

二、我国室内设计的空间类型及其发展历程

环境艺术设计是一项系统工程，根据应用范围，以建筑为划分边界，分为室内空间和室外空间两大设计对象，在行业内，一般定义为室内设计专业和室外景观设计专业两个专业。室内设计居住设计（家居设计、别墅设计）、工装设计（商业展示空间设计、酒店餐饮空间设计、娱乐空间设计、火车站公共空间设计、办公空间设计等）；室外景观设计包括街心景观、景观照明、建筑立面装饰、公共空间设计、壁画、雕塑等环境艺术作等。

中国室内设计发展大致分为三阶段：

一是 20 世纪 50 年代，十大建筑工程，包括人民大会堂、中国革命历史博物馆（现在的国博）、民族文化宫、北京火车站、工人体育场、钓鱼台国宾馆、

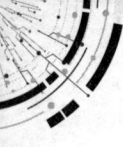

全国农业展览馆、民族饭店、华侨大厦、革命军事博物馆，这些建筑给中国室内空间设计奠定了基础。

二是 20 世纪 80 年代改革开放，我国国内正是发展的阶段，同时也大力进行海外人才引进，为我国的室内设计发展提供了良好的条件和大量的机遇，同时这个时期也是老设计师与新设计师交替阶段。

三是 20 世纪 90 年代中期以后我国室内空间设计逐步走上了正轨，时代的到来也代表着大批的年轻人加入了设计师团队。但这也不是一个好的现象，室内设计师团队的人员交替的时候问题，是个不能抗拒的因素。改革开放初期的老一辈室内空间设计师还贡献着力量，但中坚力量，早已不是老一辈了，而是出生于 20 世纪 50 和 60 年代的设计师挑起了大梁。20 世纪 90 年代，室内空间设计在飞速发展，世界室内设计的风尚刮进了中国大陆，越来越引起人们的关注。大型的复合商场、百姓民用的公共空间、住宅别墅及公寓等都开始出现了室内设计需求。

从整体的角度来分析，20 世纪中国经济逐步发展，室内设计、建筑行业也相应发展起来，到了 20 世纪 80 年代末期，中央工艺美术学院设置了室内设计系，为中国的室内设计理论发展打开了新篇章，带动了现代室内设计理论与实践在我国的发展。

21 世纪 80 年代走出校门的新一代室内设计师成为当今我国室内设计行业的主力军，在社会上产生了巨大影响，他们对行业及教育都发挥了重要的作用。这个时期的室内设计主要发展于中国东南部，然后逐渐延伸至北方地区，在某种程度上决定了中国室内空间设计创作和发展的方向。

当下，建筑和室内设计面临着时代提出来的新的问题，政治、经济、文化的发展对设计提出了新的社会要求，如面对当下社会高速发展带来的社会资源浪费、破坏严重的问题提出的生态观念。中国大规模建设、发展经济、促进社会进步的同时，又在无意间对自然、遗产、人文进行了一定的否定和破坏，从建筑历史文脉梳理而得，过度的环境改造和建筑、室内建造都会影响生态的平衡，继而危及人们自身的生存环境。因此当下的设计行业提出了生态环保、可持续发展的观点来指引现代设计，引导设计走上一个健康的道路。具体到室内设计就是设计师不只是要创造好看的空间设计，还要综合利用环境、科技、文化带来的优势和资源，对它们合情合理、高效健康的综合应用，从而建立起全新的设计理念。

三、室内空间设计的艺术美学

专业概念的艺术性。环境艺术设计的"内""外"要兼顾。环境艺术设计不仅是对物质形态的改造，还要对内在空间营造的氛围进行创造，充分展现了人的主导作用和人的创造性。环境艺术中"设计"二字展现出来的就是人的主观能动作用，通过人的作用，使得环境达到最佳状态。这个过程本身就是一门了不起的艺术。因此，环境艺术设计所阐释的是一种艺术美学，包含着理想性和一种精神境界，关注人的主观感受。室内设计的专业艺术性是将客观存在的事物与人的主观体验连接在一起的艺术活动，从而使美化环境达到更高的高度。

环境艺术设计的美学意义是人类对于环境美的感知，不管是内部环境艺术设计还是外部环境艺术设计都应该遵循美的形式法则。格式塔心理学派代表人物鲁道夫·阿恩海姆认为，审美体验是外在世界与人内在世界的同型契合。环境艺术设计的美是艺术美、自然美、社会美、科学美、技术美的综合。

（一）设计元素的和谐有序

要想艺术作品达到一种和谐的秩序感的状态，其中的构成元素并不是要保持一致，一成不变，它们之间也可以进行变化从而具有差异性。但是如果这种差异性比较强烈，那么就不是和谐的状态，而是对比。设计元素强调共性的原因，是可使其设计作品保持一个稳定的基调，并产生一种完备统一的视觉感受。在环境艺术设计中有很多的对比形式，图形的形体对比、空间对比、质地和肌理对比、色彩对比、方向对比、虚实对比，和谐与对比手法的交替运用，可以获得多样统一的效果。

（二）设计要素的对比变化

对比是美学规律里比较常用的设计手段，对比能够更加凸显对比双方的独特之处，最简单的例子是红色物体和绿色物体放在一起，能够起到比让红色、绿色都较单独存在时更加鲜明的效果，这就是对比产生的效果。在室内设计中，对比也是常常用到的设计手法，比如在造型中大与小的对比，色彩中鲜艳与清淡的对比、图案中复杂与简单的对比等，这些都使得视觉效果生动活泼、特点鲜明。对比中需要注意的一点是对比目的要清晰，如对比中是为了凸显造型还是色彩、同样在造型中又是为了突出复杂造型还是简单线条？突出的那一个一定是空间中最为重要的部分。应用好对比手法，能够为空间增色不少。

（三）设计元素比例协调

比例是两个要素之间的大小、长短、宽窄等数量关系。在室内设计中比例是十分重要的考量因素，在室内空间中尤其明显，空间的改造除了功能需要，还有一点即是对空间大小、长短、高矮等数量关系的处理，一个舒服的尺度可以将50平方米左右的空间创作得更为宽敞，即俗语常说的"显得大"。恰当的比例是美感的第一步。

（四）设计中节奏与韵律

我们提到节奏，直接联想到的是音乐，其实空间组合中的节奏和音乐中的节奏有异曲同工之妙。循环往复、规律和谐是节奏的表达方式，节奏在视觉中按照一定的规律出现，或递增或递减，创造出阶段性的变化，即创造出富有律动感的形象。比如空间天花上逐次变小的圆形造型，就会形成序列感和节奏感，这种构成方式就可以表现出一种生动活泼有变化的感受，如果是曲线排布，其还可能给人呈现出富含生命力和活力的联想。

四、室内设计师的素养

室内空间设计是对使用者的需求和意见进行满足与表达。探求现代室内空间环境的表达手段和设计思想是每一位设计师对环境空间理解和对人们生活品质追求满足的实践课题。在这个课题面前，设计师需要不断提升自身修养和品位，学习人的心理和生理知识，以求成为一个合格的设计师。懂得比例、尺度、色彩、造型的美学知识是一个设计师的基本素养；对环境和实际条件深入调查、分析的能力是设计师是否能将设计落地的考量因素；积极创新，设计观点异彩纷呈是设计师的基本要求；尊重文化、尊重自然是设计师的设计价值观体现。设计师在设计过程中应认真对待每一个细节，做到有责任、有关爱、有科学的设计，这是对一个设计师素养的综合评判。

欧美近现代在室内空间设计上一直是领跑的位置，设计施工一体化，技术一流，风格鲜明；战后的日本建筑和室内设计也得到了飞速发展，既延续传统，又突破革新，带有强烈的现代设计气息。中国的现代室内设计是四五十年的事情，但这不表示中国的过去是空白的。中国古代人民创造了许许多多辉煌的建筑和室内装饰，阿房宫、故宫、瓷器等都是非常了不起的艺术制品。中国当今的室内设计想要在世界中占有一席位置，值得注意的一点就是不应该一味照搬、照抄其他国家的艺术手法，而丢弃传统，放弃原则。只有创新中国文化、复兴中国文化、在室内设计行业中找到符合中国人内心渴求的设计，中国设计才能走向世界，立足世界。中国文化五千年，让最精华的营养滋养今天的设计，也是一个设计师的历史使命和重要的设计素养。客观来说，文化滋养是需要一个氛围去灌溉的，需要更多的设计师去营造这个氛围，随着对外开放持续扩大，未来的室内空间设计师要站在世界的角度、用开阔的国家眼光来理解设计，用中国自己的东西去打动世界，加入世界多极文化里。今天，中国建筑和室内设计已经变得广泛，在各个地区均在发展和进步，特别是发达地区已经开始逐渐对中国传统文化进行深入挖掘，未来的中国设计必将是在理解和创新的基础上所发展而来的、具有中国特色、符合时代要求的新设计。

室内设计师的素养中还应包含专业责任心。当前设计市场还存在一些不规范的做法，管理上也还存在漏洞，后续服务也存在跟不上的问题。这些矛盾在一定程度上与设计的专责有一定的关系。

五、室内设计的基本思路和设计程序

（一）设计的基本思路

1. 意在笔先

意在笔先的意思是指创作绘画时必须先有一个明确的主题立意，换一种说法就是经过深思熟虑，有了"想法"后再动笔，也就是说设计的构想和立意是十分关键的。设计也是一种美学的、创造性的思维活动，因此室内设计首先要做的也同样是找到一个好的想法，好的构思，用一个创意的概念和构思来统领整个设计，包括设计素材选择和组织、造型解构和重构、空间氛围营造和装饰物选择等。构思就是整个设计的灵魂之所在，灵魂与物质完美的结合，设计才能有灵性和耐人寻味的吸引力。没有构思的设计就好似大杂烩，十分容易造成元素之间缺乏必要的关联和呼应，缺乏整体感。

2. 以图表达

室内设计是一个实践活动，是一个多人、多组织、多专业共同协作的活动，如何传递这种设计思想呢？完整、严谨、准确的设计图纸是传递设计信息的最直接有效的手段，这就包括表现力较强、现实感真切的设计效果图，还有符合制图规范、严格准确的制图图纸。以图表达，现场施工人员和评审人员可以通过图纸和说明，了解设计者设计意图，并在现场依照图纸进行施工，好的图纸可以缩短工期，使建造更为顺利，因此图纸是设计者的语言，设计者应该尽量

让自己的语言更加流畅和全面、正确。

3. 融入原理

在构思基本确立的前提下，设计方案进行之时就需要结合室内设计的基础知识、基本原理来整合所有的设计要素来进行设计。其中，基础知识、基本原理是设计顺利实施的基本保障，是设计师设计过程中一直需要考虑和斟酌的事情，包括设计原理中的照明原理、色彩原理、功能原理、尺度原理等，其较为庞杂。随着社会技术进步，原理也在不断更新，因此增添了更多新的内容。比如，环境中静音要求提高、静音设备更替、智能静音操作等，都是在过去设计中涉及较少的，但就现代技术条件，静音原理也在不断变化，自然静音应用和设计也需要紧随之后，跟上步伐。再比如，现代影视厅，对声音清晰度的要求极高，因此需要更高质量的声学环境。混响时间的长短决定了室内声音的清晰度，而室内空间的大小、界面的表面处理和用材关系又影响着混响时间。室内声音清晰度提高可以利用声学原理，通过降低平顶，同时屋顶选取有空洞的吸音材料来减少回音，地面的座椅也最好选用高吸声的纺织面料来增大整体吸声效果。

（二）设计的程序与步骤

室内设计同建筑设计一样是一项非常复杂的系统工程，其中涵盖有多个学科，室内设计主要分为以下几个阶段：设计准备、方案初步设计、方案深化、施工图设计、现场施工及后期维护。施工阶段和后期维护阶段属于实践环节，在这里我们先不讲解，我们此处主要就前期的设计程序简要说明。

1. 设计准备阶段

①调查建筑的基本情况。

②了解业主的基本要求及预算。

③明确设计内容、范围。

④实地调研和收集资料。

⑤拟定任务书。

2. 方案设计阶段

（1）方案设计

方案设计中最重要的阶段是在前期资料准备的阶段，设计师在其基础上进行更进一步的剖析、探讨、设计相关信息，从而将其转化为方案的核心主题，通过比较、修改，最终确定可行性最高的方案。其主要过程为概念构思——组织各要素（色彩、材料、空间、灯光、装饰品、绿化等）——形成设计初步构思——

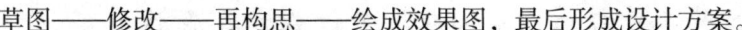

草图——修改——再构思——绘成效果图，最后形成设计方案。

（2）设计构思的成果表达

方案设计的成果主要通过设计说明书及相关图纸表现出来。设计说明书包括设计的概念构思、建筑空间问题的解决，还有相关设计规范要求、室内功能处理、平面布置规划、装饰风格和陈设家具布置情况等。因为往往后期还需要修改，这一阶段基本是以陈述核心理念为主，以设计思路的基本阐述为主要内容。平面、平顶图、立面图、剖面图、效果图等不需要十分精确。

3. 设计深化阶段

（1）设计深化

室内设计项目的协作中，有一个环节即深化设计环节，市场上也有许多设计公司是专业做深化设计的，深化设计是对构思方案进一步完善和深入，将方案设计进行到施工图设计，细化施工图的过渡阶段。这个阶段要求人们对工程施工的具体环节要求十分了解，按照施工要求修改和细化设计方案图纸，预设和解决一系列施工中可能遇到的具体问题，是非常专业的设计表达。

（2）深化成果表达

深化设计阶段主要是根据业主对设计初期方案提出的问题做出修改及完善。其图纸种类基本与设计阶段相似，但设计深度和精准度都有所提高，并细致地考虑和论证了方案的预算情况、材料情况、施工技术可行性等落地的具体问题。这一阶段在图纸上更加完整，十分符合施工图纸的要求。

4. 施工图设计阶段

（1）施工图设计

装修工程的施工图纸直接提供给施工单位，施工方按照图纸施工。图纸越是规范、详细、完整，施工也是顺利，设计师也可以减少到场。

（2）施工图成果表达

施工图需要配以设计说明书来解释设计方案。施工图中包含必需的平面图、立面图和顶面图，图纸需要详细标明物体的尺寸、做法、用材、色彩、规格等；重要节点，需要画出细部大样和构造节点图。

第二节 建筑内部空间环境设计要素及原则

一、建筑内部空间环境的设计要素

设计是一种社会创新事业，一直努力为人们提供更加优越的生活条件，并提高人们生活品质。设计的深刻意义在于不断寻找更好的方法，去解决现实生活中的设计问题。通过设计让生活更美好。好的设计在为大众提供好产品、好服务的同时，一方面为社会创造了巨大的商业价值，另一方面也推进了社会的成长的进步。建筑内部空间环境的好与坏，是设计师对人居环境的一种理解，优秀的室内环境设计为生活提供有品质的生活环境。

室内设计是建筑内部空间的环境设计，其根据空间使用性质和所处环境，运用物质技术手段，大致可以将建筑内部室内空间的空间界面、家具陈设品、色彩、照明、绿化、材料定义为室内设计的六要素。

（一）空间界面

空间界面的处理是室内设计的第一个问题，这个问题和空间功能紧密关联。功能是设计的根本，是空间与人互动的隐形要素。比如，一个住宅设计，首先要具备空间功能要求的卧室、儿童房、厨房等基本空间，它们是和人产生互动关系最为密切的空间。如何满足各个家庭成员在空间中的生活所需，是设计师是否能够取得业主满意的重要环节。那么空间设计的物质载体是什么呢？第一个要素即空间的界面。界面的围合才能产生内部的虚空间。

室内空间的形态不是随意界定和划分的，而是要通过对功能和受众者的生理、心理诉求，还有现代科技手段等因素的思考，最终确定的。具体的方法就是设计师先要对已存在的建筑进行剖析，掌握建筑的总体规划、人流路线、功能及承重结构，然后进行进一步的室内设计，最后进行调整和布局。值得一提的是，建筑的功能要满足大众审美及生产生活的合理性，室内设计也会对空间进行更新改造，从平面布置上体现出空间功能改造和界面围合方式设计。

1.空间

常见的空间形态有封闭空间和开敞空间、流动空间和动态空间、共享空间和母子空间、虚拟空间和虚幻空间、灰空间、下沉空间和上升空间、地台空间等。

空间的形态决定了空间界面，同时空间界面也影响和塑造了空间形态，两者之间的关系以如何满足功能需求，如何给人们以美的感受为设计要求。

2. 界面

室内界面是指室内空间的各个围合面——地面、顶面、隔断及墙面等各界定面，确定了室内空间的大小和形状。

界面的特点分析在于界面的形状、图形、界面界线选择，如墙的线脚、肌理构成等，除此之外，还有界面和结构构件的构造方式，界面和通风、上下水、强弱电等设施的协调配合。从建筑物的使用性质或者是设计师的意图、空间风格的要求等方面考虑构思，有些建筑的结构构件也可以作为装饰直接暴露在外面，这并不影响建筑的美观，相反，让建筑和室内都别有风情，最有代表性的就是loft类型的建筑，构件如网架、清水混凝土等直接暴露在外面，不做装饰，甚至是红砖也可以。比如，红砖美术馆就是界面直接没有做表面装饰处理。这是界面处理的手法之一，也符合当下简洁、纯粹的装饰设计理念。这种手法人们也可以理解为界面的减法。下面就看看建筑内部室内空间界面中地面、墙面、顶面三大归类。

（1）地面

在室内空间中大众视线总会关注到地面，因为地面在空间中占有很大的比例，不论是什么样的空间，大众总要站在地面上。地面与大众的关系是十分密切的，与视觉的距离又很近，它会随着大众的行动轨迹而变化，因此地面也会处于动态的状态中。地面也是室内设计的重点之一。但值得注意的是以下几个原则：地面的色彩、材质选择要符合室内的空间，不能太过突出，但也可以形成对比，营造不同的效果和感受；地面还要和顶面、墙面装饰相配合，要和室内家具、陈设品等起到相互促进与互相衬托的作用。地面设计重点不是造型，而是地面材料选择和图案选定，还有图案设计等。地面图案设计可以采用强调图案本身完整性的设计思路完成，突出地面图案自身美感，如采用内聚性图案的会议室，色彩要和会议空间相协调，取得安静、聚精会神的效果；再者是强调图案的连续性和韵律性，一般除了美感，还兼具一定的导向性和划分空间的作用，如居室门厅、走道及大堂走廊的空间；第三种是抽象图案的变化性，自由活泼，常用于不规则或空间自由的地方，如根据当时满足地面结构、或施工条件进行的限制性设计，同时考虑防潮、防水、隔热、保温等物理性能。

地面的形式和材质种类较多有木质地面、塑胶地面、块材地面、水磨石地面、大理石地面、水泥地面等，色彩也是十分丰富，因此地面设计时要与整个空间环境相协调，相辅相成。

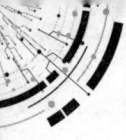

（2）墙面

墙面是最为显眼的位置，也是人们可以常常接触的地方，因此墙面装饰和空间感营造是十分重要的，设计师对于墙面的设计要遵循几个规则：一个是整体性，墙面装饰不是单一的，而是要充分考虑与其他部位的统一和谐，使墙面和整个空间成为一个整体；二是物理性，墙面在室内空间中面积与地面相比还要大一些，因此墙面地位也十分重要，因为它离人很近，要求也较高，比如室内空间的隔声、保潮、防火等要求，会根据使用空间的性质不同而有所差异，如宾馆客房、别墅卧室、vip休息区等，要求都要比一般的空间要求高一些；三是艺术性，室内墙面的装饰效果会直接影响室内空间感，墙面的形状、附着在上面的材料、图案甚至是整体造型都会对整体空间造成影响，因此墙面的艺术性是不可小觑的。

墙面的装饰形式多种多样，可根据上述原则选择。墙面的形式大致可以有以下几种，如抹灰装饰、贴面装饰、涂刷装饰、卷材装饰。这些墙面装饰各有不同的特点，比如卷材材料，随着科技的发展，人们创造出了很多的具有良好性能的卷材墙面材料；丝绒墙纸、墙布、纤维布、人造皮革等，具有可擦洗、不易褪色等优点，使用面广，图案可定制，色彩样式繁多，质感好，施工方便，价格较为合适，装饰效果好，是室内空间中大量采用的材料。

（3）顶面

顶面是室内装饰的重要部分，也是室内装饰中最富有变化，最影响空间光线的界面，其透视感较强，造型相对处于二维半平面的状态，顶棚最重要的装饰设施即灯具，灯具的选择直接影响顶面效果。顶面设计可以增强空间感染力。设计一般要求注重整体环境的协调，顶面、墙面、地面三者共同创造室内环境效果，但又体现出各自特色。

通常来说，室内视觉效果一般遵循上轻下重的原则，顶面装饰力求简捷完整，表现重点，造型除了要有较强的艺术感，还应具有空间限定和划分的作用。顶面装饰还有一个重要作用，就是保护顶面结构。顶面有平整式、凹凸式、悬吊式、井格式等多个样式，设计师可根据不同情况进行合理选择，比如平整式顶棚构造简单、外观朴素、施工便利，适用于教室和办公室等功能明确、装修注重规范多过装饰美的空间；而凹凸式顶棚造型复杂，立体感强，适用于餐厅、大厅等，各凹凸主次关系和高差明显，强调自身节奏韵律及艺术性；悬吊式顶棚是在屋顶承重结构下悬挂折板、平板吊顶，满足声学、照明等方面的要求，常用于体育馆、电影院等。除此之外，还有结合结构梁形式的井格式顶棚，其可配以灯具和石膏图案，简洁中不失魅力。

（二）室内家具与陈设品

1. 家具

家具从古至今，随着时代发展而发展。它在室内空间设计中赋予空间新鲜血液，它与室内空间设计的关系是互动而又独立的，是相对而又统一的，它既是空间的一部分，又可以成为空间的主角，彰显自己的风采。

例如，在陈列馆里，要考虑其空间的特殊性，因此在家具的选择上不完全是要考虑如何与空间搭配，而是要突出家具的个性和功能性，因为场所的特殊功能，会有不断替换的展品出现。因此，设计者不能按照一般的设计思路进行设计，或者是按一般的家具摆放进行放置；在家居空间中，一个有历史、有来历的家具也可能成为居室中的亮点，从而为空间添加了些许文化色彩。

家具除了具有的美学、文化价值外，家具的利用还可以解决一些空间功能问题。第一个作用是组织并划分室内空间。很多大众喜欢使用隔墙或者屏风这种手段来进行空间界定，这种小面积的家具是最有效区分空间的事物。特别是在现代居室环境中，一个大型的书柜能够将空间划分出阅读区和其他空间，家具在这里不只是作为储物空间，还担负起了空间隔断的角色，它在一定程度上代替了墙的隔断作用，提高了室内空间的灵活性，同时也丰富了空间。第二个作用是明确空间的功能。当家具在空间摆放时，就可以直接反映出空间的性质与功能。之所以可以这样界定，是因为家具选择是依托在空间性质上的，因此家具可以确定空间的功能与性质。比如，家居空间中有餐桌，很显然这是餐厅；有床，就极有可能是卧室。

当今社会人们对于寻求一个可持续发展、舒适的环境的需求日益增高，要设计出一个令大众满意的室内空间，就要考虑人们生理、心理等方面的要求，进而在装饰方面注重这些细节，同时还要符合最初设定的风格。

2. 陈设品

室内陈设，通常包括家具、灯具、织物、装饰工艺品、字画、电器、盆景插花、挂装等内容。陈设品在室内空间中具有强化环境风格、营造和烘托空间气氛、表现文化特征、柔化空间、陶冶情操等重要作用。

艺术陈设品是空间中很重要的一类，比如绘画、书法、摄影、雕塑等艺术作品，其中有些可能属于名人作品或者专人定制，故事丰富，包含着深厚的情谊或者文化底蕴；还有一类十分重要的陈设品属于工艺美术类，包括陶瓷、玻璃、金属工艺制品、竹编、草编、牙雕、木雕、玉雕、贝雕、泥雕、面人、剪纸、布艺、面具、风筝、香包、陶瓷工艺品、台灯、古典银镜、花草等；第三类是织物陈设品，一个空间的大面积色彩、图案、感受都受到织物陈设品的影响，其既有实用性，又有很强的装饰性，其色彩、图案、质感及式样、尺度等都对空间的整体气氛及受众的心理感受产生直接而巨大的影响。陈设品可以合理促进这个空间的氛围，整合各部分，弥补空间中的不足，让整个空间都活跃起来，诗意起来。

（三）室内色彩

室内色彩不仅仅是美学意义的色彩，它也是科学意义的色彩，影响人们的视觉审美，也影响人们的情绪和心理。色彩的选择与处理手法，不仅要遵循色彩的一般特性规律，还要符合大众审美取向。色彩与人的心情是息息相关的，人通过视觉感官接受色彩信息，并对其进行信息处理，进而影响情绪。科学家和心理学家在研究人对颜色的心理反应时发现，有的颜色能使人保持头脑清醒，有的颜色能够使人昏昏欲睡，有的颜色能够让人食欲大增，而还有的颜色可以让人心烦意乱，于是有了感情色彩之说。最常见的就是快餐店使用颜色往往是橙色，橙色会加速就餐者的心理波动，橙色具有促进人们食欲的作用，可以促进快餐销售量。

除了感情色彩说之外，色彩还有一个重要的作用，即色彩的物理作用。色彩的物理作用，就是视觉因为色彩为事物赋予了冷暖、距离、重量、形状等物理性质所产生的变化。

温度感：人们把不同色相的色彩分为暖色和冷色。依据人们看到太阳感到温暖，常把橙红之类的颜色称为暖色；看到森林和水会感到凉爽，把青类颜色称为冷色。在暖色范围中，饱和度越高越具有温暖感，在冷色范围中饱和度越高越具有清凉感。

距离感：色彩可以传递距离信息，不同的色彩可以让人感到远近的不同。色彩的距离感是靠色相和亮度来营造的，通常暖色系和亮度较高的颜色具有向前和接近的感觉，而冷色系和亮度较低的颜色则具有后退和疏远的感觉。

重量感：色彩重量感的关键在于亮度和饱和度。亮度和饱和度高的时候就会显得轻巧，比如桃红色；亮度和饱和度低的色彩就会显得很厚重。因此，人们有时会把色彩分为轻色和重色。

体积感：如果物体具有某种颜色，使人们看到就会觉得比原先的体积增大了，那么这种颜色就属于膨胀色。反之，看到比原先的体积缩小，这种颜色就使缩聚色。色彩体积感的营造与色相和亮度有关，暖色和亮度高的色彩具有扩散作用，因此会令人感到体积变大。冷色和暗色具有内聚作用，因此会令人感到体积缩小。

室内色彩无论怎么变化，设计师都应遵循色彩的视觉美学原则，比如统一、节奏、对比和谐等，同时也可以利用色彩的物理属性，改变空间的不舒适性问题。

（四）室内照明

达·芬奇曾说过：“正是由于有了光，才使人眼能够分清不同的建筑形体和细部。”人们能够对外界有视觉上的反映是因为有了光照。自然光与人工光共同组成了光明的世界。光照不仅可以满足人们日常生产生活的基本照明需求，还能起到气氛烘托的作用。

室内照明首先应该满足室内空间的明亮感，也就是要遵循照度标准、照度与受光物之间的距离、亮度对比等要求。这里设计师要根据不同的空间对亮度做出应有的调整，如电影院、咖啡厅、居室、酒店等对于亮度的要求都会有差异。人们通过对光的色彩、冷暖、强弱、照射方式等的设定，营造出了不一样的室内气氛，表达不同空间的性质。

优秀的空间照明还可以通过光和影表现空间的立体感与层次关系，突出空间节奏的轻重缓急，界定空间区域。灯光也可用来指引方向并引导动线。如通过光束的引导，在酒店的通道中，可使人们按照既定路线行进，这也是根据人的趋光性做出的照明设计。

（五）室内绿化

在室内放置绿植是改善室内环境的最佳方案。室内绿化可以模糊室内室外的环境界线，也可以装饰美化空间。室内绿化的作用不仅局限于改善环境，还有很多的功能。室内绿化在传统概念里，最重要的作用是利用植物的光合作用等改善空间小气候，并且吸附空间中的粉尘、净化空气，如吸附甲醛等，但随着生活水平的提升，绿化的美化作用，为人们带来美丽心情的作用显得日益突出，因为绿色植物总是给人以生机勃勃、自然舒服、赏心悦目之感，这也是人类最原始的朴素情感。

室内绿化装饰首先考虑的是植物的形态、习性、大小等绿化装饰自身的要素，放置进室内空间中后，则还要考虑室内空间的面积、光线、朝向、空间风格和气氛。从绿化布置的角度来说，其装饰手法主要有陈列式、悬垂式、攀附式及迷你型观叶植物绿化装饰等。

陈列式：陈列式是最常见、普遍的装饰方式，它的方式包含点式、线式、和片式三种。其中点式的应用是最普遍的，比如在桌面、茶几、柜脚、窗台等地方放置或者悬挂绿色植物，使之形成视点。

攀附式：当大厅和餐厅或者某些空间需要分隔时，可以选取攀附式的植物进行空间隔离，使用带状或者具有图案纹样的格栅，再加攀附式的绿植或者材料，但是要保证绿植形体、状态、色彩要和谐。使室内空间分隔和谐、舒适并且满足功能要求。

悬垂式：在室内较大的空间内可以将天花板、灯具等构件利用起来，或者在窗前、墙角等地点，悬挂一些绿色植物来丰富空间。悬垂式样可营造生动有趣的立体空间，且"占天不占地"，充分利用空间。

迷你型观叶植物：这种装饰方式在欧美、日本等地极为流行。它的基本形态来源是插花的方法，人们利用迷你型观叶植物放置在不同材质的器皿内，摆放或者悬挂在室内空间中，或者也可以作为礼物赠送给其他人。这种装饰设计考虑的重点就在于对生活空间的环境、家具、日常用品等进行协调，使装饰植物材料与其环境、生态等因素形成一个有机的统一体。其主要表现形式有迷你吊钵、迷你花房、迷你庭园等。

（六）室内材料

室内材料是最实际的空间设计学问。材料是方案落地的物质载体，好的设计不会只是停留在纸面上，当进入现场实施时，材料对于方案的影响和改变力度是很大的，而且材料的选择也会直接传递出材质的质感，对人的心理感受也具有很强的冲击力，比如花岗石地面就显得十分坚硬和平整，而镜面墙面就显得光滑，棉麻材料的窗帘能给空间带来轻柔温暖的感受。

材料技术是个比较大的领域，我们暂且不谈技术对现代材料和工艺的巨大影响力，转而对材料的美学价值多谈几句。材料中的美感表现在它的可装饰性和艺术感上，在室内设计中的材料选择，除了要考虑造价、功能等客观需求，还有更为重要的一点就是精神方面，审美的取向问题。有些时候，人们对于精神方面的诉求超过生理方面的追求，将现代材料应用在室内设计中，会为室内设计带来新的实现手段，也赋予人们全新的设计思维和拓展设计的实施空间。

就材料的审美来说，现代材料最大的特点之一是将传统艺术与现代艺术相结合，从而创造新的材料及材料应用方法。大部分的传统装饰材料都是源自大自然的，其材料本身就带有朴素、自然、真实的感觉，选取这样的传统材料最大的优势就是可以淋漓尽致的展现材料自身特点。其装饰风格自然而优美，比如实木、竹子等都是上好的传统材料。细说竹子，其属于环保轻便的装修材料，价格便宜而且自身风格特征明显，代表着坚韧不拔的品质，极具中国韵味；而现代新型材料有许多传统材料不具备的优点，比如隔热玻璃、钢化玻璃不仅具有采光的作用，还由于夹层设计等方式兼具保温功能。现代材料继续发展，在一定程度上主张将现代材料和传统材料有机结合，创造兼具文化韵味和现代工艺优势的新材料，比如复合材料。

二、建筑内部空间环境设计的基本原则

建筑内部空间环境设计是需要符合一些基本原则的，这些原则是设计的思考方向，也是设计能够符合人们需求的理论保证。随着时代不断发展，这些原则也在不断与时俱进，但无论怎么变化，有些原则是建立在空间设计基本原理基础之上的，相对稳定，这就需要设计师理解设计领域"万变不离其宗"的"宗"在何处，即基本原则是什么。

（一）室内设计以功能为基本原则

室内设计的宗旨是创造良好的室内环境，为人们的生产、生活、工作、休息提供舒适的空间，一个良好的室内空间第一点就是要满足功能性需求，为人们提供需要的空间和器物。合理、舒适、科学的空间功能可以为后续的室内装饰奠定扎实的基础。在之后的装饰施工中，界面装饰、空间陈设、环境气氛都将以功能划分为依据，并与之相互协调统一。除此之外，建筑较长的使用寿命也决定了其在后期使用中也极有可能发生改变，如何满足变化的需求也是最初功能划分时应深入考虑的问题，要为后期变化留有余地，方便进行二次设计。可以说，赋予相应的使用功能是室内设计最本质的工作。空间功能与建筑空间、空间结构、实施技术有着密切联系。技术决定了造型艺术的实现手段和实现可能性，因此室内设计师需要具备必要的结构知识和熟悉已有的技术材料及工艺。

（二）室内设计要符合空间整体性原则

室内空间设计是一个整体思考的合成，它与大的建筑不可分割，又需要兼顾小的绿化艺术。如何将多种元素整合在一起，对环境空间纷杂多样的要素进行搭配、排序、整理和再创造，充分体现了空间设计的宏观把控要求。在设计的过程中，设计师对于整个设计过程的把控能力是考量设计好坏的一项重要指标，将创造性和实用性完美结合，将个性化与空间的完整性相融合，是设计师的重要素养。

（三）室内设计要具有艺术审美性

室内空间很重要的一点是空间要传达美感，要通过形、色、质、声、光等语言表现空间的视觉美、触觉美、感受美等。美是一个需要人不断体会，慢慢培养的事情。空间的审美是需要设计师和使用者不断提高美学认知的，在空间居住、学习、休闲、娱乐都需要真正打动人的空间美感。室内设计的艺术性审美要求，主要指人在使用中感受到的室内的美，感受丰富的文化和不同的特点。正由于有这种对于审美及个性化要求的存在，使得室内设计有着多样发展的可能性，这种多样发展对于现代建筑的室内空间设计有着极为重要的意义。

（四）室内设计的创新原则

工业化流水线、大规模生产模式，在一定程度上导致了室内设计雷同、单一、过多相同的方案在不同空间的复制，造成空间体验乏味。创新是这个行业的灵魂之所在，无论技术和生产模式如何发展，创新一直都是室内设计不能被磨灭的根本。设计创新，需要有划时代的、新鲜的、新奇的点子出现，从业者要抱有强烈的"新"的概念和意识，努力做到设计有新意。创新有一个很重要的要求，那就是创新不能纸上谈兵，也不是天马行空的幻想，而是要具有落地性，要具备可以实现的条件，同时创新设计要有使用价值，这也是创新设计的根本目的。

那么，如何创新呢？室内设计就是将各种不同的元素通过一定的手段组合到一起，包括设计材料、设计色彩、设计形式、实施技术等。组合的方法方式即是一种形式上的创新，而以什么概念、什么理念、什么思路来实现新的组合，这就是创新的思想。思想是上层建筑，影响着设计的有效实施。具体操作起来，创新可以着眼以下几个方面，其实这也是室内设计的几个主要内容和要素。

概念元素创新：概念是一个空间设计的中心思想，统领整个空间设计，最简单的理解就是一个以"海洋"为概念的空间，将统领灯光材质、造型布局、影响人们的感受，比如蓝色像海洋波纹一样的照明光带，水草一样的造型装饰，海生物一样的家具陈设等，这些从整体上营造出了一个神秘的海洋世界，"海洋"就是空间的概念元素。只有具备这个概念元素，设计师才能够创新空间设计，让此空间与彼空间有所不同。

材料创新：材料是应用在空间中，表现空间感最主要的媒介，也是在设计中作为创新点的一个突破口，可以选取不同的材料运用其自身的色彩、肌理等因素，表现出设计者原本的预想，同时也可以使空间更具有趣味性，尤其是大面积使用的材料，如地面材料、墙面材料，对空间的风格定位和视觉感受都起

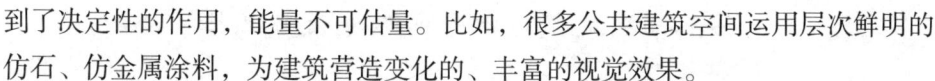

到了决定性的作用，能量不可估量。比如，很多公共建筑空间运用层次鲜明的仿石、仿金属涂料，为建筑营造变化的、丰富的视觉效果。

（五）室内设计的环保性原则

时代的进步、技术的进步使人工痕迹在室内空间应用中越来越明显。运用新型材料和科技，改善人居环境，本身是积极而有效的，但与此同时，科技和工业的大发展也造成了生态破坏、生产过剩、污染增加的现实问题。为了减少工业化生产的不良影响，社会开始提倡在自然生态观的指引下创新和发展空间设计。除此之外，过度的工业化、现代化造成人们无意识地丢失了传统，一味追求现代技术和工业生产带来的便利与快捷。因此，时下倡导的生态环保理念，将传统与现代化结合，使声、光、色与文化创新完美结合，尽量实现生态化设计，减少耗能，实现高功能、低消耗的设计。

可持续发展的设计理念是我们要长久提倡的一个社会型理念，同时也是关于生态环保的一种探索，设计所产生的利益要有长远的可持续性，设计活动应该将个人利益和社会利益共同考虑，使资源实现可持续利用和可持续发展。实现可持续发展，在当今基本上采取三个角度去解决：一是消除或减少设计可能造成的环境污染；二是选择与研制新的产品材料从而降低对紧缺资源的需求；三是选择与研制新的能源从而减少其对于环境的污染。在可持续发展设计的过程中，公平性、和谐性、需求性、高效性、变动性都是需要深入理解和研究的问题。

总的来说，生态环保性原则是室内设计未来发展的方向，意识重要参考指数，尊重自然、关爱环境、保护环境是生态原则的最基本的阐释。设计师必须遵照生态环保的原则进行设计，从而节约资源、降低能耗。

（六）室内设计的地域性、民族性原则

人们所处的地区、地理条件、风俗习惯、审美喜好都或多或少的存在一些差异，特别是民族地区或是地理条件特殊的地区，这里的人们往往留存一些传统的生活方式和文化传统，在建筑上、居住上也存在着很大的差别。比如，陕西、新疆、云南等地区，室内装饰就各不相同，这些地区的设计充分体现了其风格和特点，能更好地适应地区人民需要。

综上所述，室内设计是一门综合性很强的学科。随着时代的发展，室内设计的设计原则受到社会学、美学、心理学、环境学、经济学等多种学科的影响。

第三节 建筑内部空间环境设计风格

室内环境的功能与审美是矛盾统一体，在空间中，两者的和谐关系依照风格的概念得以整合，形成多种和谐之美。风格是统一空间效果非常有效的手段，或温馨典雅、或明朗轻快，同时其也可为空间赋予特有的文化情感，如中式风格的古典文化氛围，乡村风格的美国历史、法国情怀等，无一不为空间注入了生机和活力。

室内设计风格会依托在建筑风格上发展，但同时也会受到来自各种因素的影响，例如文学、宗教、科学、技术、音乐等方面。每一个风格都是在特定时间、地域下形成的。如果给风格定义，从字面意思上讲，其可以解释为风度、品格。它是创作作品的整体格局和格调中所显示出来的具有稳定性的独特面貌，一般表现为某种气度、气魄或风韵与风采。风格是抽象的，室内设计风格就是长期积淀形成的，具有一定稳定性的室内艺术表现形式，它具有以下几个特点。

一是表现形式及特征比较稳定，一定的风格在形式、色彩、造型、线条、图案等各个方面都形成了自己较为固定的一些特征，这些特征出现，即使是一到两种，也为观者提供了重要的信息传递，提示了空间的特性，从而让人推断空间的风格属于哪一种。

二是反映当时的社会生活与思想。风格的形成是社会生活习俗和审美思想长期沉淀与凝练得来的，只有大众愿意接受的才会被留存下来，因此风格自身表示着当时社会的背景，如明清中式的不同，也源于明清社会的贫富和稳定因素影响。

三是覆盖面广、持续时间长。"风格"和"流派"之间的差别，即是风格的覆盖面广，持续时间长。当下，人们谈风格多于谈流派，即是因为风格的这个特性。概括说来，室内设计的风格和流派两者相对而言前者强调社会性、稳定性与一致性；后者强调个体性、变异性与多样性。在艺术的发展过程中，如果某一流派发展壮大，产生了较广、较深刻的社会审美影响力，其最终也有可能转化为一种风格被确立下来。

风格选定在一定程度上是价值观的一种选择。当今社会倡导简约风格，其背后的意义就是要从功能出发，保证生活质量、重视健康、合理利用资源。这样的简约并不是单纯的简单，抛弃一切，而是经过慎重思考探索出的设计新思路和新方案，是有计划、有目标的设计。风格体现了设计师和使用者的价值观、消费观，比如当下设计提出的科技原则、生态原则、人本原则等都是对风格的

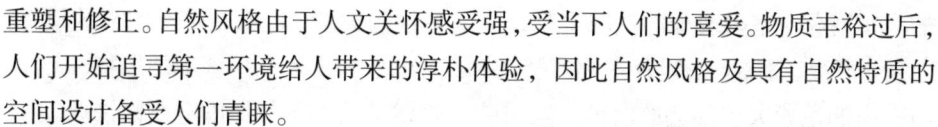

重塑和修正。自然风格由于人文关怀感受强,受当下人们的喜爱。物质丰裕过后,人们开始追寻第一环境给人带来的淳朴体验,因此自然风格及具有自然特质的空间设计备受人们青睐。

风格是人们对美的追求,视觉美、听觉美、心情美等都是风格过滤的滤网。将造型、光色、尺度、比例、体重、质地等形式美与室内空间基本语汇组合,就可以编写一首动人的空间曲目,好的空间风格把空气、声音、温度、气味等因素也纳入进来,综合考虑形成感受的综合体验,是一种全方位的风格表现。

建筑室内环境的设计风格大致可分为传统风格、现代风格、后现代风格、自然风格、新古典主义风格、地域风格、民族风格、混合风格及个人主义风格等,但值得一提的是,风格的定义并非标准化定义,它不是科学,是人文设计的总结和凝练,因此设计风格的定义是一个动态的、不断更新和变化的。时下,风格的界限在不断模糊,很多优秀的空间设计都不是在简单的利用风格,而是更加宽容和自由。因此,这里的风格梳理也仅仅是梳理。

一、社会应用意义上定义的室内风格

(一)室内传统风格

室内传统风格一般指以"设计为大众"为理念的现代主义设计产生之前的设计风格,大致可分为西方与东方两种截然不同的传统风格。其形成主要受到当时宫廷或宗教等统治阶级的影响,反映了他们的审美喜好,具有强烈的阶级色彩。

1. 西方传统风格

西方传统风格主要指欧式传统风格,通常意义上包括古罗马风格、哥特风格、巴洛克风格、洛可可风格以及新古典主义风格等几大主要风格。西方传统风格重要特点之一是普遍采用拱和柱相结合的空间结构,特别是柱子的形式因其精巧独特而成为欧式传统风格设计的主要表现特征,以多立克柱、爱奥尼克柱、科林斯柱、塔司干式和混合柱式这"五大经典柱式"最为经典;其重要特点是十分讲究装饰,在室内布置、造型、色彩、家具、陈设、绿化等方面追求繁复华丽的设计,讲究曲线趣味、非对称法则及花草图案的应用,反映出特定历史背景下的室内设计特征。

欧洲古典风格代表除了柱式,在整体上还是一种追求华丽、高雅的室内风格。其在空间的形式上追求连续性,讲究形体上的变化、层次感,还有光影上

的丰富变化。室内装饰的选取也都是各式各样的类型，但都是带有图案的壁纸、地毯、窗帘、床罩、帐幔及古典式装饰画或物件；为了表现出奢华的风格，家具、门、窗的色彩大多都选取白色，家居装饰等线条的部位都加以金线修饰。

（1）古罗马风格

古罗马式建筑兴起于公元9世纪至15世纪，是欧式基督教堂的主要建筑形式之一。其中一些建筑仍有封建制度下建成的城堡的影子，是教会权力的标志。古罗马式风格以豪华、绚丽为特色，其特征是线条简单、明快，造型厚重、敦实，突出庄严感，雕塑的形式也多为浮雕和雕塑，以此来营造神秘感；券柱式造型为在两柱之间形成一个券洞，并与柱子结合，以创造出装饰性柱式，其不仅成为西方室内装饰最有特色的代表，同时也广泛应用在现代室内设计中。古罗马风格代表作有古罗马帝国的大型剧场，观众席平面呈半圆形，逐排升起，以纵过道为主、横过道为辅，观众按票号从不同的入口、楼梯，到达各区座位。

（2）哥特式风格

12世纪罗马风盛行时在法国巴黎教堂出现了一种风格叫"法国式"建筑，后来这种风格以摧毁古罗马文明的哥特人的名字命名为哥特式风格。13至15世纪其在欧洲广为盛行，主要表现在天主教堂中由石头的骨架券和飞扶组成的结构体系中，它的基本形式是在一个正方形或矩形平面四角的柱子上形成拱顶。

哥特式建筑的特征是室内空间高旷、单纯、统一，最显著的特征是尖券形式的应用比较多，如细高塔尖和拱形尖顶的门窗，给人一种直插云霄的震撼感；其中家具设计会效仿哥特建筑中的一些特点，例如尖顶、尖拱、细柱、垂饰罩、连环拱廊、线雕或透雕的镶板装饰等；华盖、壁龛等装饰的细微构造也会选用尖券造型，这样的设计形式会令人不自觉地将视线上移，再加上大面积的彩色玻璃花窗，从表现形式上给人直观的一种神秘感，营造一种肃穆的气氛，具有强烈的宗教色彩。该风格代表作是法国的巴黎圣母院。亚眠主教堂、兰斯主教堂、沙特尔主教堂和博韦主教堂被称为法国四大哥特式教堂。

（3）文艺复兴风格

文艺复兴建筑风格产生于公元15至16世纪的意大利，是在哥特式建筑之后出现的一种建筑风格，在文艺复兴建筑中占有重要的地位。之后该风格传入欧洲的其他地区，与当地文化进行融合，形成了带有各自特征的文艺复兴建筑。它从类型、形制、形式各方面既体现统一的文艺复兴特征，又积极鼓励艺术家发挥艺术个性，因此促进了建筑及室内发展，呈现出空前繁荣的景象，这个时期也是世界建筑史上大发展、大繁荣的时期。

　　文艺复兴风格最明显的特征是放弃了中世纪时期的哥特式建筑风格，同时在宗教和世俗建筑上重新启用古希腊罗马时期的柱式构图方法，灵活变通，大胆创新，甚至将各个地区的建筑风格同古典柱式融合一起，强调人的主体作用，以人体美的对称、和谐为基本思想，结合文艺复兴时期发展的科学技术，如力学、绘画中的透视规律、新的施工机具等，将这些运用到建筑创作实践中去，形成表面雕饰细腻，具有华丽夺目效果的新风格。在这一时期装饰居室的主色调多数为白色，且强调表面繁杂的装饰，多运用细腻绘画的手法，体现出奢华的效果。室内选取典雅弯腿型的家具、带有图案的壁纸、地毯、窗帘及古典式的装饰画或者物体。其代表作有佛罗伦萨大教堂，它同时也是文艺复兴建筑的开端。

　　（4）巴洛克风格

　　巴洛克建筑是17至18世纪在意大利文艺复兴建筑基础上发展起来的。意大利文艺复兴运动宣扬的是个人自由创作精神，通过对形式上的追求，其发展成为巴洛克风格。巴洛克原本的概念为畸形的珍珠，古典主义者用它来称呼那种被认为是不落俗套的建筑，巴洛克风格思想对城市广场、园林艺术、文学艺术都产生了巨大的影响，一度在欧洲广泛流行。

　　巴洛克在意大利文艺复兴时期开始流行，也就是"人本主义"的后期阶段，它很明显的与反对宗教改革有关，罗马当时是教会权力的中心，巴洛克艺术的源头就是在罗马。受到文艺复兴人文思想的影响，巴洛克风格强调个性的张扬与动感，一反往日低调、内敛的欧式精神，但也会有一些人批评"巴洛克是一种炫富的艺术"。

　　无论是在建筑立面还是建筑内部的装饰上，巴洛克风格都反对过于僵硬的古典特征，抛弃掉了建筑的对称性及理性，反而去追求无拘无束的设计，表达了普通人的情感与乐趣，并追求某种戏剧化的感觉。该风格具体表现为强调设计中的力度、热情、自由、夸张等，反对理性与对称性，强调变化，追求层次感。采用文艺复兴时期不会选择的大理石、金银、珠宝等装饰，并以动态的线条——椭圆、曲线、漩涡等形状来进行相应的装饰或雕刻，抛弃了传统的规则的方形及正圆形，通过绚丽多变的色彩烘托一种豪华虚幻的空间氛围。

　　巴洛克风格充斥着大量的不规则曲线，例如华贵的破山墙、不规则的旋转形摆件、富有层次感的石膏线、凹凸的喷泉水池及人像柱等富有动感韵律的元素。

　　巴洛克风格的代表作有罗马耶稣会教堂，其被称为第一座巴洛克建筑。除此之外，还有罗马圣卡罗教堂、法国凡尔赛宫等。

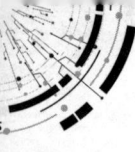

（5）洛可可风格

洛可可式建筑风格以欧洲封建贵族文化的衰败为背景，意在展现没落贵族阶级的颓废、浮华的审美取向和情感价值。他们不接受古典主义的古板理性和巴洛克的张扬放肆，寻求闲适和甜美。洛可可这一个词语源自法语 ro-caille（贝壳工艺），它原本的意思为建筑装饰中一种贝壳形图案。1699 年建筑师、装饰艺术家马尔列在金氏府邸的装饰设计中大量运用这种曲线形的贝壳形式的纹样，因此而得名。洛可可风格最开始应用在建筑中的室内装饰，之后进行拓展应用到绘画、雕刻、工艺品、文学等领域。洛可可风格总体上追求华美、轻巧、精致、细腻等感觉；强调艺术形式的综合手法，例如在建筑装饰中注重雕刻、绘画的综合，并且还会借鉴一些文学、戏剧、音乐等方面的因素，从而创造出宗教特色和享乐主义共存的建筑风格。具体来说，其室内喜欢用不对称且高耸纤细的形体，如方向多变的"C""S"或涡券形曲线、弧线，以达到极力强调运动感受的目的；装饰图案多数选取花环、花束、弓箭、贝壳等纹样，并常常选择大镜面作装饰；色彩方面更喜欢用金色和象牙白色，因为这些色彩给人一种轻快、明亮、清雅但又不失华丽的感觉，在制作工艺方面注重结构、线条婉转柔和的特点表现。洛可可风格代表作有巴黎苏俾士府邸公主沙龙和凡尔赛宫的王后居室、尚蒂依小城堡的亲王沙龙、巴黎苏比斯饭店的沙龙和德国波茨坦无愁宫。

2. 东方传统风格

东方传统风格一般以传统中式、日本明治时期的日式为代表。

（1）传统中式风格

20 世纪，随着中国经济的不断复苏，室内设计专业的兴起及中国文化被唤醒，大量的设计师开始重新了解中国的传统设计。传统中式风格以木材质为主要装饰材料，以中国传统文化及纹样为装饰元素，表现了中国特有的历史文明。由于中国地域宽广，传统中式风格一般分为北方宫殿风格与南方民居风格两类，北方宫殿建筑室内气势恢宏、壮丽华贵、高空间、大进深、雕梁画栋、金碧辉煌，尽显皇族贵气；南方民居建筑室内风格则常用灰墙黛瓦等民间材料及色彩显现江南特有的朴素与秀丽。但就两者相比较，人们多以北方宫殿建筑风格为传统中式风格之代表，应用于各大餐饮、酒店、会所等大型公共空间。但传统中式风格的装修会产生高昂的费用，并且会缺少现代感。

中式风格特征在空间结构上的表现十分有特点。传统中式建筑及室内在空间上以木质梁柱结构作为支撑，由于木材尺寸、承重能力的制约，中式建筑空间在尺度感上比起西方石材建筑略显小些，多注重横向发展，而并非纵向高度；传统的中国建筑讲究一个均衡概念，通常以线来造型，在空间布局上横向空间布局多用对称的空间形式来表达，在用墙壁围合之余，还利用博古架或隔扇门这些物件在空间上进行多种多样的划分。

色彩方面，传统中式建筑及室内总体上多采用北方宫殿色彩，浓重而成熟，多以深木色为主色调，配以黑、红为主的小品及绿色植物，格调高雅，木料通常都会涂上油漆并用丹青彩画来装饰，如梁柱的上半边多用青绿色调，下半部则以红色为主，梁、柱惯用红色，天花藻井绘有多色彩画，创造出一种华丽、庄重、高雅的氛围；但一些南方传统中式建筑则偏爱于白墙、灰砖、黑瓦等冷色调，形成素雅之感。

家具方面，中式传统样式主要是明清家具样式，这类家具造型简练、以线为主，采用卯榫结构，在跨度较大的局部之间，镶以牙板、牙条、圈口、券口、矮老、霸王枨、罗锅枨、卡子花等。

陈设与装饰方面，传统中式室内装饰艺术的特点是总体布局对称均衡，端正稳健。装饰物件包括字画、匾幅、挂屏、盆景、瓷器、古玩、屏风、博古架等，图案多花鸟、鱼虫、龙、凤、龟、狮吉祥动物图案或者"梅、兰、竹、菊""岁寒三友"等寓意教化的图案为主，从装饰细节上体现了中国人崇尚自然，精雕细琢的传统美学精神。

斗拱是中国建筑特有的一种结构。在立柱和横梁交接处，从柱顶上的一层层探出呈弓形的承重结构叫拱，拱与拱之间垫的方形木块叫斗。两者合称斗拱。

藻井是中国古代建筑的内檐装饰之一，具有防止火灾、调节室温及装饰作用。藻井以明清时花样、色彩为主，雕镶彩饰甚为豪华。

雀替是位于梁柱或垂花与寿梁交角上的近三角形木雕构件，也称插角或托木。它有三大作用分别是缩短梁静跨的长度、减少梁与柱相接处的剪力、防止横竖构材间角度倾斜。雀替渐渐地从力学上的构件发展成美学构件，习惯用有龙、凤、仙鹤、花鸟、花篮、金蟾等形制，雕刻手法常常选用圆雕、浮雕、透雕。

格扇一般是指中间镶嵌通花格子的门，由一个门扇框组成，直的称边梃，横的称抹头。

博古架又称多宝格，其上布置了丰富的吉祥图案，图案的题材大多采自中国神话、历史故事，纹样有动物、植物、自然、文字、人物、器物等，这些共同组成的图画称为博古图。

中式建筑代表作有中国故宫等。

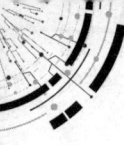

（2）日式传统风格

日本和式建筑，又称"和样建筑"或"日本式建筑"，其室内装饰效果亦称为"日式风格"。13 至 14 世纪日本佛教建筑继承 10 世纪的佛教寺庙、传统神社和中国唐代建筑的特点，采用歇山顶、深挑檐、架空地板、室外平台、横向木板壁外墙、桧树皮葺屋顶等，逐渐形成了日本和式建筑。日本和式建筑结构追求自由，建筑高度不高，与自然和谐共生，主张建筑与大自然浑然一体，致力于建造温馨亲切的空间氛围。其建筑思想直接影响了室内风格的形成，其内部空间设计重视实际功能，追求深邃禅意境界，空间气氛朴素、文雅，形成了用物质上的"少"，去寻求精神上的"多"的独特设计思想，让人能静静思考，禅意无穷。

日式风格崇尚自然感，因此可以与大自然融为一体，并且利用外在的自然景观，与室内空间的景色交相辉映，给室内营造一种生机勃勃的感觉。其对于材料的选取也是格外在意是否具有自然感，这样人可以与大自然进行密切交流。在传统的日式家居设计中，人们大量的运用自然界的材质，不追求奢华、高调的风格，相反的追求一种宁静淡雅、深邃禅意的境界，并且十分重视功能的作用。

和式风格时常选用一种木质结构，但对其并不加以复杂的装饰，以尽量保持木质原有的状态，十分自然简约。但是和式风格却很讲究空间，对于空间的营造十分巧妙，形成"小、精、巧"的模式，利用檐、龛空间，创造特定的幽静，并具有禅意的光源效果。在空间中，线条的设置是清晰简洁、壁画的选取也是力求纯净，卷轴字画等艺术品的都是打造一种丰富的文化内涵的感觉，室内的灯具选取也是可悬吊的，格调简单清雅。和式风格另一个明显的特征是屋体、院落的通透，人与自然合为一体，对于回廊、挑檐的利用十分重视，这样可以使二者空间明亮、自由。

空间与界面。日式传统建筑空间尺度不大，造型一般采用清晰的线条，善于使用简朴又便于加工制作的方格形，空间有较强的平面感；室内多用平滑式推拉门扇来进行空间的分隔，这种平滑式的推拉门扇还以功能命名为障子，开启和闭合都自由便捷，利用这种障子可以将空间进行自由分隔，形成流动的空间，可以分隔成一个单独的大空间，也可以形成几个小型独立空间，十分方便又具有趣味性。空间中空间内部布置极为简洁、家具极少，多以茶几为视觉中心。

色彩方面。其室内大量使用木装修，如天花、隔断多为木质材料；由于木材料的使用使得室内色彩以木色和白色为主，整体色调素洁、淡雅。

室内家具造型简洁，带有东方传统家具的神韵。

榻榻米，人们以前将其称为"叠席"，意思为在空间中可以为人提供坐或者卧的一种家居。榻榻米是日本家庭用于睡觉的地方，即日本人的床。榻榻米的地板下部便于通风，适合日本人自古以来席地而坐的跪坐式生活方式。

枯山水这种表现特征是源自日本本土的缩微式园林景观，是日式室内的特有陈设装饰，多见于小巧、幽静、神秘的意境营造。人们通常在其特有的环境气氛中，再选取细细耙制的白砂石铺设在地面上，并使用叠放有致的几尊石组打造出富有禅意的氛围，如放置在介于中国庭园与山水盆景之间的空间尺度的水庭园，在居住空间拉开障子就可以直接观赏。

日式传统建筑代表作有寺院、神社、住宅、茶室。

（二）现代主义风格

现代主义风格起源于包豪斯学派，20世纪20年代大体形成，并在随后的三四十年里得到很大发展，这一风格是工业时代的产物，也称功能主义风格或现代风格。在20世纪的建筑设计思潮中，现代主义风格是其中最具重要性和影响力的一种风格。

其主张突破旧传统，反对任何装饰的简单几何形状，探索如何将有限的空间发挥最大的使用效能，讲究一切从实用出发，重视功能和空间组织的合理性，强调形式服从功能，崇尚合理的构成工艺，发挥结构构成本身的形式美，这和过去的崇尚装饰大相径庭，是一次关于美学、人文、建筑多项领域的理念颠覆。同时，现代主义风格对于设计理念来说算得上一次革命，它首次提出了要为群众来服务，服务的对象发生了前所未有的变化，从此设计具备了民主主义及社会主义倾向。

现代主义风格满足了大工业生产的时代性，满足了当时人民群众的生活需要，并将功能、技术、经济效益相结合，包豪斯学派的宣扬理论也是这一理念。

该学派创始人 W·格罗皮乌斯提出的"艺术与技术新统一"观点成为现代主义风格具有指导意义的重要理论。那个时期，还出现了许多代表性人物及言论，比如沙利文提出的"形式随从功能"，路斯提出的"装饰是罪恶"，密斯提出的"少就是多"等。这些论点为现代主义建筑形式奠定了基本取向，在当时充分表达了革新派建筑师的进步精神。

现代主义风格不仅仅是一次形式上的改良，更重要的是一次思想上的重大革命，因此在设计思想上也形成了五大总体特征，依次是强调建筑随时代发展变化，现代建筑应同工业时代相适应；强调建筑师应研究和解决建筑的实用功能与经济问题；主张积极采用新材料、新结构，促进建筑技术革新；主张坚决

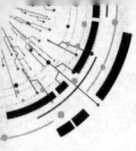

摆脱历史上建筑样式的束缚，放手创造新建筑；发展建筑美学，创造新的建筑风格。

空间与界面方面，现代主义风格界面处理追求其功能作用体现，比如划分空间的大小，创造空间的虚实，而不是单纯的美化墙、地、顶等表面。空间追求丰富变化与流动之感。

材料方面，尊重材料的性能，讲究材料自身的质地和色彩的配置效果。材料多采用新型材料，对于科技含量高的金属、玻璃灯材料比较偏爱，如铝塑板、不锈钢、烤漆玻璃，镜面玻璃等材料的墙面隔断。

色彩方面，现代主义风格多使用一些纯净的色彩或是中性的色彩进行搭配，白色、黑色与灰色是其最为常用的色彩。

现代主义风格代表作有勒·柯布西耶的萨伏伊别墅、密斯·凡·德·罗的巴塞罗那博览会德国馆、弗兰克·劳埃德·赖特的流水别墅和弗兰克·盖里的古根海姆美术馆。

（三）后现代主义风格

"后现代主义"最开始出现于西班牙作家德·奥尼斯于 1934 年出版的《西班牙与西班牙语类诗选》一书中，这个词语用来评述现代主义内部发生的逆反，尤其是有一种现代主义纯理性的反叛、反对、不赞同的心理，这就是后现代风格。20 世纪 60 年代以来，西方世界出现了反对或对现代主义进行修正的思想潮流，他们认为现代主义虽然形式简单、适用于大众，但装饰得过少，不免显得过于冷清，缺少一些人情味，因此需要新的建筑形式出现。1966 年，作为后现代主义的代表人物，美国建筑师文丘里在《建筑的复杂性和矛盾性》一书中就提出了"汲取民间建筑的手法，在现代主义建筑中继续保持传统"的主张。相对现代主义，后现代主义风格较为表面，虽然其提出了新的设计理念，但后现代主义只是一种形式上的折中主义和手法主义。因此，反对后现代主义的人指出后现代主义并不会持续多久，它只是建筑设计中的一种流行的表象，同更具革命性的现代主义相比，后现代主义并不具备重要的意义。

其主要有以下三个特征：一是采用装饰；二是具有象征性或隐喻性；三是注重结合周边环境。

后现代主义风格在空间与界面的设计上呈现出多样化的特点，这种风格抛弃掉了模式化及简易性，这种风格常伴有夸张扭曲的柱式及断裂的拱券，更有一部分人用新的设计手法来设计古典构件的抽象形式，并通过层叠、混杂、错位、裂变等手法来创造新的空间。

材质上也秉承同样的夸张思路，大量的金属或者玻璃应用于空间中。装饰品更是精雕细琢，张扬大胆；色彩上雕花色彩绚丽，搭配大胆，深红搭配深黑，深绿搭配纯白，甚至是红与绿、橙与蓝灯对比色的应用；图案上后现代风格强调建筑及室内装潢应具有历史的延续性，善于装饰，比如在一些细节上追求奢华，在坐椅靠背上、扶手、背景墙的边缘上绘有精致而夸张的雕花。另外，还形成了具有象征性、隐喻性的室内装饰。

后现代主义风格代表作有澳大利亚悉尼歌剧院，巴黎蓬皮杜艺术与文化中心等。

（四）自然风格

自然风格是一种倡导回归自然的，贴近人心的设计风格。它常常利用一些天然的木、石、藤、竹等质朴的材质，营造出悠闲、舒畅、具有田园生活情趣的空间氛围，从美学及心理学角度来看，它是现代技术高度发展、生活压力较大的今天，人们对于自然悠闲的一种渴望和追求。从某种意义上说，凡是符合回归自然这一特点的风格都可以称之为自然风格。如时下流行的"乡村风格""田园风格"都可以说是自然风格的分支，其室内环境设计不仅仅是多放置几盆植物那么简单，而是从空间本身，界面设计，材质、灯光的应用中体现出自然气息及缓解精神的作用。

田园风格依据不同地域，衍生出了多种不同风情的田园风格，主要有欧式田园风格，美式乡村、中式田园风格等，其中以欧式田园中的英式田园和法式田园及美式乡村最具代表性。摇椅、小碎花布、野花盆栽、小麦草、水果、磁盘、铁艺制品等都是这类风格空间中常用的元素。

1. 英式田园

英式田园风格在整体上是一种优雅精致、协调温馨的田园风格。设计重点在陈设装饰方面。英式田园风格室内装饰永远离不开碎花、条纹及苏格兰图案者三要素，这三要素总是可以在室内高贵美丽的装饰布艺上看到，这也是英式田园最有代表性的装饰手法之一，例如天鹅绒质感的窗帘及粗糙质感的棉织桌布，布面花色多彩美丽，同时色调舒适自然。其空间界面处理讲究简单，造型不多，但都以各色涂料粉刷界面，或选择质感温和的木制材质；家具材质多使用松木、椿木制作或是雕刻讲究的纯手工制品；色彩整体上喜用奶白象牙白色配家具的松木色；再加上灯罩流苏的透明色，共同营造自然的英式田园风格。

2. 法式田园

法式田园可以说是田园风格中最具有女性色彩的一种，它虽然是回归自然、回归乡村的设计理念，但不乏法国人浪漫、妩媚的情感特征，整体空间设计多以白调为主，配以繁花似锦的装饰和色彩，舒适而温馨。法式田园风格的设计重点一是布艺，二是家具。布艺的设计比起英式田园内敛的小碎花，就显得大胆的多，玫瑰花、郁金香，国花鸢尾都有可能出现，花色十分丰富且颜色艳丽；法式田园家具的设计并没有古典家具般的繁复雕刻、层层曲线，取而代之的是简约流畅的线条，加上清雅点缀的小雕花，并且一改古典法式家具纯正的胡桃木色，而偏爱洗白处理后的白色，白色家具成为法式田园风格的标志性设计手段之一。

另外，法式田园风格还有一个重要特征，就是大量采用布艺，其使用的布艺不像英、美式田园那样使用整体实木框，而是露出小部，比如沙发露出如高跟鞋般的椅脚，整体几乎都裹上了布艺。布艺上除了典型的花朵之外，也有素雅的色彩，如嫩绿、粉紫等让人视觉放松的色彩。

3. 美式乡村

18世纪随着美国各地的拓荒行动，拓荒者大量建造的居住房屋是美式乡村田园风格的来源。作为田园风格中的典型代表，美式乡村田园风格具有舒适、实用、规整的特征，风格稳重，质朴。

同时在它的环境设计中还带有浓厚的怀旧情结，设计者喜欢将不同风格中的优秀元素，或是具有历史感的物件汇集融合，以彰显生活的舒适和品质。美式乡村风格放弃繁重琐碎的奢靡，将不同风格中的完美元素融合在一起，并且以舒适为主导取向，强调回归自然，这些使这种风格变得更加活泼、舒适。美式乡村风格突出了生活的舒适和自由，不论是感觉古老笨重的家具，还是带有岁月感的装饰配置，都在向人们诉说着这一点，尤其是对于墙面色彩的选择，自然、怀旧、散发着浓郁泥土芬芳的色彩是美式乡村风格的典型特征。美式乡村风的色彩以自然色调为主，土褐色最为常见；壁纸多为纯纸浆质；家具选取的颜色大多数都是模仿古老的样式的仿旧漆、式样沉重、设计中还会运用很多的地中海的元素，如各种繁复的绿色植物、颜色鲜艳、灵动的动物形象元素。布料材质方面，首选的是本色的棉麻，布艺的天然感更符合乡村风格的感觉；野花盆栽、小麦草、瓷盘、铁艺制品都是美式乡村风格空间中常见的配件。

（五）新古典主义风格

新古典主义的设计风格从字面的意思人们就可以知道，这是一经过更新改良的古典主义风格。古典主义风格所指的是 18 世纪 60 年代到 19 世纪，欧美一些国家流行的一种古典复兴建筑风格，这种风格在当时只能运用在法院、银行、交易所、博物馆、剧院等公共建筑和一些纪念性建筑上。

目前设计领域提到的新古典主义风格泛指将古典文化与现代设计手段相结合的新风格。"形散神聚"是新古典风格的主要特点。其通过神韵的传达，表达古典或现代的气质，但造型和家具选择自由度很大，技术上更是对于现代技术的容纳，这些多元的要素完美的结合，让人们不仅享受物质文明，也深深地感受到了精神上的快感。新古典主义风格通过借鉴传统的家具陈设、色彩搭配、空间造型、装饰元素、材料质感、绿化设计等手段形成一种复合型设计风格，比如欧式壁炉、水晶宫灯及罗马柱都可称为新古典风格的重要元素，它们在整体设计中可以起到画龙点睛的作用。新古典主义的色调以白色、金色、黄色以及暗红为主，其中掺杂少许的白色可以增加空间中整体色调的明快感。新古典主义风格在室内空间的设计中对于装饰非常重视，通常选取适宜的复古家具和摆件来营造整体空间的氛围。

在现代装修风格中加入古典元素，但这不仅是单纯的复古、模仿，而是对历史文化的传承与创新。比如将带有现代文化的大理石，陶瓷、塑料、金属等加入传统建筑的装饰当中，让历史建筑注入现代科技的血液；或将传统家具原始功能进行演变以适合现代环境，使其既保留了大致风格，同时又摒弃了复杂的机理，简化了线条。

新古典主义风格主要包括以下三个特征：一是讲究风格，在造型设计时不是单纯的模仿古代，而是追求神似；二是用简化的手法、现代的材料与工艺追求古典的轮廓特征；三是注重装饰效果，使用装饰品来增强室内整体的历史特色，这可能会全权复制古典的家具、摆件来营造室内的整体氛围。目前社会出现的新古典主义风格的分支，是古典与现代双重审美的产物。其中，新中式风格的探索体现了设计的本土意识，同时也体现了中国设计师的社会责任。

（六）新中式风格

新中式风格是在古典中式的基础上与现代风格相结合形成的具有时代气息的新风格。其诞生于中国传统文化复兴的新时期，随着我国综合国力增强，民族意识逐渐唤醒，人们开始从疯狂的模仿、复制中找到新思路。设计师将对传

统文化的理解运用到现代设计中，二者相互融合，产生火花，创造出符合现代人审美取向又满足空间功能的具有中国自己韵味独一无二的风格。这种风格非常重视"形"与"神"的特征。中式风格始终在与时俱进，是对中国文化复兴的继承和弘扬的另一种直观的手段，这种手段需要设计师对中国传统文化深入的了解才能更好地运用和打造出富有中国韵味的设计，从而打造出富有传统感知的现代新事物。

新中式风格没有选择传统装饰中的精雕细琢，这样的风格比较单一、古板、落后，因此要在保留传统中式装饰风格的特色之上，对空间进行创新，使空间效果更符合现代审美，并且应用一些简约流畅的线条，色彩鲜艳明亮，家具也更为舒适，极大适应了现代人的生活需求。

空间与界面方面，中式风格传统的对称布局方式得以留存，抛开封建等级划分，反而注重内部空间正题的灵活性及层次感，同时采用"垭口"或家具摆件根据空间的特征及使用人数来将室内分隔成不同空间，例如将屏风布置在两个需要互相屏蔽视线的空间。而室内顶棚主要以简易环形灯池作为吊顶，也可以用花梨木色木板放置于方格形交错摆放的木条之上。

材料方面，以木结构为主，因此木材是新中式风格的必备材料。

色彩方面，一种是中国传统的深色系，如胡桃木色为底，搭配黑、红、金色等装饰色彩，整体色彩浓重而成熟；另一种则是采用柔和的中性色彩，如米黄、鹅黄色系搭配白色、绿色等明快色彩，给人优雅温馨、自然脱俗的感觉。

家具方面，新中式家具的选择一般有两种情况，一种是选择传统家具，多为明清家具为主来丰富空间；另一种则是选用进行简洁化提炼的新家具，线条简洁，纹理细腻，营造了回归自然的意境。新中式家具与传统中式家具比较，它们之间明显的区别是家具简洁且摆放以舒适为主。

门窗方面，新中式门窗对于中式风格氛围烘托起着重要作用。传统中式是其主要形式，一般做法是用棂子做成方格或其他传统中式图案，然后将实木雕刻成各种造型，并打磨成光滑立体的木质门窗。

陈设方面，传统中式室内陈设以字画、匾幅、挂屏、盆景、瓷器、古玩、屏风、博古架等装饰为主。新中式风格室内仍然以此类陈设为主，保持中式风韵。

图案方面，装饰图案以花鸟、鱼虫、吉祥寓意纹样等为主。

（七）简欧风格

古典欧式风格既有豪华、浪漫的特征，同时又有典雅、舒适的特点，在当今时代受到越来越多的大众喜爱。但是纯正的古典欧式风格更适用于大空间，如果在较小的空间里运用古典欧式风格会给人一种无所适从的紧张感，由此便孕育了适应现代生活的简约欧式风格。

简欧风格很好地提取了极简主义的干净、简洁的特征，还有传统欧式风格精巧、华丽的特点。这种优雅中又带着一些清新的风格，开始受到年轻人推崇。简欧家居风格从整体到局部、从空间到室内陈设塑造，都给人一种精致的感觉。它一方面保留了材质、色彩的大概印象，浅色和木色的家具颜色可以更好地凸显出典雅的氛围，格调相同的壁纸、帘幔、地毯、家具、外罩等装饰织物布置的家居蕴涵着欧洲传统的历史痕迹与深厚的文化底蕴，但是它并没有选取古典风格繁杂的装饰，而是吸收了现代风格简约线条、清爽的特点，打造既尊贵又清新的居家感受。其具体特征概括如下。

空间与界面方面，简欧风格的空间布局讲究对称，空间多为方正形，界面造型多选用圆和方，

材料方面，材料选择十分重视质感，比较精细贵气，如墙纸多选择一些带有金丝线、复杂花卉图案，甚至是画有圣经故事及人物的墙纸，配上铁艺扶手等简欧特征明显的装饰构件，使其整体豪华洗练。

色彩方面，欧式风格的主色调大多选取的是白色、淡色，家具的选取则是浅色和深色均可，没有做过多的要求，但最好是成套的家具，不建议东拼西凑，保持风格统一。如果要选用一些布料作为装饰，那么布料的质感十分关键，亚麻和帆布这两种布料就不太适合，最好选取丝质的面料以符合整体高贵、典雅的氛围。

灯具方面，华丽细碎的水晶灯往往是简欧风格最常选用的灯具。除此之外，外形线条柔和些或者光线柔和的射灯也是主要光源形式之一。

陈设方面，简欧风格选用装饰线条虽然不比传统欧式那么复杂，但也是以雕刻彩绘为主，比如常用厚重的画框，或是一些描金、贴镜面的装饰物件。

地毯方面，地毯在简欧风格中十分重要。地毯要具备舒适的脚感，西式家具与高贵气质的地毯可以完美搭配。

家具方面，家具与硬装修上的欧式细节应该是相互匹配的，尽量选取红色或者白色并且带有西方风格的复古图案，线条、造型都要有西方艺术的影子，如果选取实木的桌子，那么桌子上的装饰就应该有细腻的雕刻图案。

墙纸方面，选用非常有特点的墙纸来烘托房间的整体氛围，例如带有圣经经典故事和人物的墙纸就非常适合欧式的室内风格，而条纹及碎花样式的墙纸可以烘托出非常典型的美式风格。

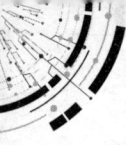

（八）地域风格

地域风格是指设计吸收本地的、民俗的元素，利用当地特产材料、民间工艺，具有地区特征和优势的设计风格。地域风格在功能上适宜地区应用，同时又反映地区人们的文化传统，具有很强的可识别性和持续发展性。

地域风格又分为浪漫地域主义风格和批判地域主义风格。18世纪至19世纪，兴起的浪漫地域主义，就是源自英国风景造园中的"地方精神"，这也是传统概念中的地域主义风格，它的风格注重真实再现本土的生活习惯，保留传统，保持真实，讲究历史、乡土、民族特征在室内较为真实的表现与传承。对于建筑和室内统一采用纯粹的民俗建筑与室内特征，布纳格建筑设计事务所于1996年设计的印度尼西亚巴厘岛的诺维特·别诺阿旅馆及新加坡建筑师吕德玛于1997年设计的瑞士俱乐部路会所是其非常具有代表性的例子。总之，浪漫地域主义风格强调的是地域文化"原汁原味"的表现，如时下室内设计较为流行质的"地中海风格""东南亚风格""北欧风格""波希米亚风格"等。

20世纪50年代，亚历山大·梵尼斯和利亚内·勒费夫尔夫妇提出了批判的地域主义。它在文脉继承的原则上提出当地环境资源与工业科技的敏感度在设计中的重要意义，特别强调对当地资源的开发利用，认为使用当地特有的材料和工艺即适宜，又经济。批判的地域主义风格的特征更多的是通过科学技术手段表现的，我们这里主要讨论浪漫主义地域风格。

1. 地中海风格

地中海风格产生于17世纪至18世纪，是西班牙地区和地中海地区室内风格相互融合的产物，反映出罗马艺术和摩尔民族艺术的特点。地中海风格按照地域特点可以分为主希腊地中海风格、西班牙地中海风格、南意大利地中海风格、法国地中海风格、北非地中海风格等，虽然因地区的不同它们的表现形式各有不同，但本质特征是一致的，那就是地中海风格少有人工味的浮华装饰，而是多用自然、无加工的材料和质朴的民间手法体现蔚蓝色的浪漫情怀。

同其他的风格流派一样，地中海风格有其自身独一无二的美学特征。对于色彩的选择一般是自然的柔和类的颜色，在组合搭配中更注重空间感，不放过一寸空间，将空间完美利用，集装饰与应用于一体，在组合配置上要体现大方、自然的田园气氛，避免繁杂，最显著的罗马柱般的装饰线的应用会营造出古老文明的氛围。

各种样式的拱门与半拱门及马蹄状的门窗是"地中海风格"的建筑特色。

在建筑中一般采用以数个连接或者垂直交接的方式去做圆形拱门与回廊，如此一来在观赏走动时，会有延伸的透视感出现。马蹄状门窗、半拱门和拱门是地中海风格的代表，具有延伸透视感的圆形拱门通常会用垂直交接或者多个相连接的方式去做，这样会形成具有延伸透视感的回廊。色彩的应用也是地中海风格的一大亮点，它一般采用三种组合方式。一是蓝与白，一如西班牙蔚蓝海岸与白色沙滩，这是比较典型的地中海颜色搭配。二是黄、蓝紫和绿，意大利南部的向日葵、法国南部的薰衣草花田，金黄与蓝紫的花卉与绿叶相互摇曳，交相辉映，形成的色彩搭配别有一番风情趣味，同时还具有自然的美感。三是土黄及红褐，这是北非特有的沙漠、岩石、泥、沙等天然景观的颜色，再辅以北非土生植物的深红、靛蓝，加上黄铜，带给人一种大地般的浩瀚感觉。

地中海风格在材质上别具匠心，如室内墙面，大多是粗糙的涂料粉刷，休息区的沙发等力求柔软舒适，多采用纯麻或是纯棉纺织品饰物，柱子多用马赛克、贝壳、鹅卵石等装饰表面。家具陈设多为简单纯朴的木质家具，最后再配上铸铁的吊灯、烛台，小巧的绿色盆栽或爬藤类植物等，尽显休闲气息。线条是构筑屋体的基本，因此它在室内设计中是很重要的元素。地中海沿岸对于房屋或家具的线条并没有一味地追求精细，也不是直来直去的，因此会显得很随性自然，因而无论是家具还是建筑，都会形成一种独特的浑圆造型。白墙的不经意涂抹修整的结果也会形成一种特殊的不规则表面。

2. 东南亚风格

东南亚风格以其来自热带雨林气候的自然之感和浓厚的民族特色远近闻名，它的特点大体为华美、自然、淳朴，大量应用大型植物、白色纱幔、彩色玻璃制品等物品。在中国，它开始流行于珠三角地区，后逐渐蔓延至全国各地。

东南亚风格空间最大的特点就是选取自然的材料为主，所属地区处在雨水充沛的热带地区，就地取材是属于南亚大部分地区所拥有的现象，例如印度尼西亚地域里的藤马来西亚河域的海藻、风信子类的水草植物还有像木皮这样简单的自然所拥有的材质，以至于色调也总是以原藤和原木色泽表现的原色色调为主，大多数色调为深褐色系，有了泥质的淳朴和天然原木材料再加上布质艺术的衬托与加持的视觉冲击效果，这种风格不仅没有了违和的感觉，反而将生硬烦琐的装饰线条东南亚家具的设计中逐渐抛弃，形成了以简替繁的设计理念，让家具在炎热的东南亚创造出了清新自然凉爽的质感。

材料大面积使用木材、藤条、竹子、石材、青铜和黄铜等的东南亚风格，细致部分甚至运用丝帛触感的布料和金光闪耀的壁纸。古朴自然是这些材料所展现的独特魅力。藤竹柚木作为该风格主要使用的材料之一，制作以纯手工为主，例如纯正的泰国风满满的竹框相架和名片夹，竹节显露，虽然带着一丝笨拙和质朴，但谁又说这不是正宗的泰国风貌。柚木相架没有细致的工艺和精致的装饰，但却藏有能让人触机领悟的禅机。

东南亚风格色彩是很大的一个特点。东南亚风格最常使用的是实木、棉麻及藤条等材质，因此其色彩多为深棕色、咖啡色系，以木色为主要色彩，空间背景多为白色。在东南亚家居设计中最出挑的装饰风格就是泰式家居设计，因为东南亚的地理位置，处于热带，常年湿热，家居设计为了避免空间带给人更加沉闷的气氛，所以在色彩的选取上选择艳丽的颜色，来打破沉闷的气氛，因为大自然的色彩就是五彩斑斓的，所以运用艳丽的颜色是不会出错的，在色彩方面回归自然也是东南亚家居装饰的特点。

饰品方面，最常见饰品是大红色的东南亚经典漆器和大型绿色植物，除此之外，金色、红色的木雕，铜制的莲蓬灯，手工敲制的铜片吊灯，都为空间增色不少。各种各样色彩艳丽的布艺装饰是东南亚家具的最佳搭档。用布艺来装饰可以起到点缀的作用，这样可以为家具增加活泼的气氛。该风格在布艺的选取上，会选择深色系，随着光线的变化，色彩也会进行变化，能够加入一些沉稳的感觉。当然色彩搭配也有一些原则，深色要与鲜艳的颜色搭配，例如大红嫩黄彩蓝；而浅色的家具则应该选择同色系或者它的对比色，例如米色可以搭配白色或者黑色，第一种搭配方式是温暖的感觉，第二种搭配方式是一种活泼跳跃的感觉，这种的搭配效果会使人眼前一新。

3. 北欧风格

北欧风格伴随着欧洲现代主义运动发展形成，北欧风指的是挪威、丹麦、瑞典、芬兰及冰岛等欧洲北部国家艺术设计风格的总结。欧洲其他的国家现代设计艺术与之相比，北欧风格更具精致、简约和功能性极强等特点，除此之外，它还与自己独特的文化特征相融合，在设计中揉入了当地的资源和自然环境，例如气候寒冷的某地区由于靠近北极，所以丰富的森林资源使得北欧风格以木材为主要材料。北欧风格按照时间和地域可以细分为不同的类型，我们这里提到的是具代表性的现代北欧风格。现代北欧风格主要涵盖瑞典设计、丹麦设计、芬兰现代设计这三个流派。北欧风格特别注重人与自然环境、设计与自然资源的有机结合。总体上，它主张利用科学技术，不是一味地改造自然，而是如何尊重自然的前提下创造绿色、环保、可持续发展的设计产品；这并不妨碍北欧设计的世界性和先进性，其中最主要的一点是北欧设计对手工艺和天然材料的尊重和偏爱。

北欧风格在空间关系上，一般十分在意室内空间的尺度要宽敞、内外要通透，自然光线要充足等与自然、人最本质的需求相关系的问题；在空间平面设计中追求流畅感；室内处理擅长用简约的思路来进行设计，比如顶面、墙面、地面只是采用简单的色彩和块面来进行空间区域划分，对于纹样和图案装饰则是极少采用，仅仅是采用一些线条或者是简单的图案来装点关键的部分，用以点缀而已。北欧建筑都以尖顶或坡顶为主，因此室内空间在房屋顶面中间的位置经常可以见到粗圆的原木梁、檩或者是椽等建筑构件，这种暴露原木的室内应用方式在北欧风格中是一大特点，即纯装饰性质的"木质假梁"。这种木质假梁材料自然是木材为主，随着技术发展，慢慢有些房屋特别是跨度比较大的房屋采用铁艺等材料替代原木，成为新的室内装饰构建。但原始质感较强的木材材料仍然是主要材料。它们基本上使用的是上等的枫木、橡木、云杉、松木、白桦等为加工的原料。这对于室内的风格来说，极大限度展现了木材的原始美感，包括色彩和质感，传达了特有的地区装饰效果。此风格中色彩是以浅色为代表，常常以白色为主调，配以米色、浅木色或使用鲜艳的纯色点缀；另一种色彩搭配则是喜欢采用黑白灰作为主色调，给人干净明朗的空间感受。北欧家具由于讲究生态环保，喜爱纯手工制作，一般都没有过多的装饰或是雕花纹饰，而是淳朴的实木家具，造型简洁，功能明确，自然的气息十分明显。

4. 波希米亚风格

波希米亚原本的意思是指开放的吉卜赛人和颓废派的文化。因为波希米亚人行走于世界的各个角落，吸收了太多民族的文化，并且进行借鉴，所以其自身的风格中就会有多民族的影子。波希米亚风格因为其发展历史是世界的、开阔的，因此此风格十分包容，带有别的风格所不具备的浪漫气质。同时，它也带有浓烈的世俗化、自由化的特点，颜色、形式、材料不拘一格，没有人工技术的痕迹，更多的是体现材料自然的本来面目，整体是色彩浓烈、设计繁复，具有强劲的自然气息和视觉冲击力，兼具波希米亚神秘的气氛感受。具体说来，波希米亚风格的空间与界面简单，结构变化较少。其使用的材料多是多种元素融合，如印度的刺绣亮片、摩洛哥的皮流苏、北非的木刻珠帘等，令人耳目一新。波希米亚色彩多采用暗灰、深蓝、黑色、大红、橘红、玫瑰红等一般其他风格不常用的颜色。陈设多采用各种各样、色彩斑斓的流苏和涂鸦绘画。在波希米亚的休闲风格中，舍弃了全新的装饰，略带陈旧，多采用泛白的布饰、灰朴的陶器。

（九）民族风格

民族风格是指一个民族在历史发展进程中，逐渐受到经济、政治、地理条件影响而发展出来的具有民族特色的设计风格。在中国，地域辽阔，不同的少数民族聚集的地方建筑和室内装饰就会呈现出本民族的特色，如内蒙古地区的蒙式餐厅、奶茶馆，云南纳西族文化风格的木雕工艺品店，西南壮、傣、瑶、苗等民族聚居地区的干栏式建筑及室内等。这里只是选择两个少数民族风格进行概述，深入而全面的理解需要不断学习。

1. 西藏风格

西藏风格集中在西藏、青海、甘南、川北等藏族聚居的地区，虽然说是少数民族特有风格，但中国各地随着民族性公共建筑、民居的发展，藏族风格也逐渐被流动的藏民带到其他地区，特别是一些旅游地区。藏族的建筑风格多数都是白色碉房，多为 2～3 层小天井式木结构建筑，外面包砌石墙，由于地形气候的原因在石墙上的门、窗的体积很小，窗外刷黑色梯形窗套，顶部檐端加一些线条从而起到装饰的作用，富有很强的表现力；室内陈设摆放十分华丽，门窗和梁柱雕镂精致，室内立柱包以彩色氆氇做的套子，顶棚板上挂着华盖，日用器皿也比较讲究。特别要提到的是西藏风格中最具代表性的装饰物就是挂在墙上的唐卡彩画。"唐卡"又被称为卷轴画，是一种藏族民间的传统画，一般由红卡、蓝卡、黑卡这三种唐卡组成，唐卡通常是在绸缎或者棉布上作画，有的也用针线或绢帛织成，有些珍贵唐卡材料还有珊瑚、珍珠、翡翠等，唐卡的题材是描述藏传佛教的故事或者描述神像。"唐卡"被广泛用于寺庙和家庭装饰。

2. 蒙古族风格

蒙古族风格集中在蒙古族生活聚集的草原地区。从前的牧民都是居住圆形毡包，身份尊贵的一些人的大毡包直径要十多米，内部空间放置立柱，装饰虽然简朴但华美。厨具放在一个油漆过的精美的木制箱子中，另外放置一个木制箱子当作食物的料理台，箱子前面的地上铺着专为客人坐的花毡子和毯子，墙上一般会悬挂本民族特有的乐器——马头琴。但现在的蒙古族风格更多的指的是在城市混凝土建筑中进行的具有蒙古族文化意味的、特征的室内装饰设计，此风格是建立在现代简约手法处理界面和空间的基础上的，在简单、整齐划一的空间中通过蒙古族装饰图案和色彩进行气氛渲染。其特征概括为一是空间多为对称布局，空间造型喜爱用圆形；二是色彩装饰绚丽夺目，常用金色、白色、红色、蓝色等蒙古族人民喜爱的颜色；三是图案常常选用云纹、回纹等纹样及草原故事或者草原英雄作为主题，其中以云纹和成吉思汗肖像应用最为广泛。

（十）混合风格

混合风格与以往的风格有着在本质的区别。中式、欧式、田园等都要求空间应有自己风格的特有形式，并保持完整和一致。混合风格却打破了风格间的界限，将不同风格的物品搭配一起，创造出一种新的艺术感受，呈现多元而兼容并蓄的状态，成为一种考验设计师素养的空间风格。例如，东方中式屏风，搭配泰式摆设和茶几，配以现代风格的墙面及门窗装修、新型的沙发等；欧式彩色琉璃灯，搭配日式小花壁纸，再配以中国古典家具和埃及的陈设、小品等。这种混合风格要做到和谐，就要在对比中找到空间的创意，在和谐中找到空间的视觉舒适性，常见的设计手法是可以从硬装修的界面、软装饰的家具，或者是装修材料等方面入手，特别主义材质和色彩之间的关系和和谐问题，可以以同一色调协调空间，或者以某一个风格元素，比如一副欧式绘、一个大型水晶灯、一件日式屏风等，展开空间的设计和组织，就可以统领整个空间的搭配统一。就好比画有主次、笔墨有轻重一样。混合风格忌讳不假思索的"全副武装"，风格不明、色彩杂乱、配饰过多等都是有问题的。混合风格不是什么都可以放在一起，是需要在一定原则下进行的，需要设计师有非常高的艺术修养和掌握能力。

如果谈到混合风格的代表手法，中西合璧的搭配无疑是一个很好的思路，利用西方现代设计的简约手法，融入中式深沉的格调，巧妙而独特；另一种是新旧混合，采用一些复古元素和新元素的混合，进行了全新完美的解读。

（十一）个人风格

个人风格是一种自我情感与自我设计结合的风格，体现了极强的自我主义意识，适合于家庭装修。其强调个人特色，个人喜好，个人生活方式，没有确定的设计要素或限制，设计思路及手段均比较自由，多为艺术家所偏爱。该风格在设计上重点考虑个人的收藏品、爱好等，如在住宅小空间中，要设计很多受众者喜爱的小空间，例如家庭影院、小型酒吧、健身空间、私密性高同时又安静的书房等。这些个性化的空间都可以根据受众者的生活习惯和爱好进行设计，从而达到私人定制，独一无二，不可复制的效果。

二、审美体验角度定义的室内风格

（一）低调贵族风格和朴素简约风格

低调贵族风格在整体空间朴素的外表之下融入了装饰主义、古典元素，折射出一种隐藏着的贵族气质，最显著的特点就是通过闪亮的软装饰使得空间华丽。

它们主要具有以下几个特征：一是，界面与造型注重硬装应用，时常会在墙面上做出浅浅的凹凸造型，但总体上还是保持以大面积的平整面为墙体，并在空间布局上讲究变化；二是，材质一般选择具有华丽感的材质，这种材质并非昂贵，最常选用有暗纹暗花、复古图案的壁纸作为主要材质，在空间局部采用玻璃、钢、镜面等闪亮的材质作为搭配，空间中不乏皮毛、丝绒等有奢华感的材质；三是，色彩上可概括为深黑色调和亮白色调两大色系，深黑色调常选用咖啡、驼色、黑色、灰色，是低调奢华风格最常选用的色系，但有时也会采用高调的亮白色调表现低调奢华的感觉，比如象牙白、银色等，表现一种贵气、简洁和富有气质的内涵；四是，家具选择多选用新古典家具，中式传统变形而成的新中式家具、黑色点缀贝壳的东南亚风格家具等精品家具。除此之外，低调奢华风格还时常选用一些定制家具来彰显品位，如一盏为特定空间设计定制的灯具，这些具有不可复制性的物品都是"低调奢华风格"室内空间的点睛之笔。

朴素简约风格在大力提倡绿色设计、适度消费的今天无可厚非地成了未来大有发展的风格之一。整体空间的精神内核在于"朴素的美感"，它不仅仅是一种设计形式上的追求，而更多的是空间中所体现出的简朴意蕴。在家具的选择上除去那些不必要的装饰，更体现家居的简约和质朴。以藤、草、竹子、樱桃木等材料作为家具材料的选择，在设计理念上，则注重回归大自然的心理体验，而朴素风格则重视设计的"无胜有"的境界。另外，废旧材料有时会被二次加工，通过再利用的材料更体现出天然、原木之美，通过朴素流露出更高雅的气息。它既不用华丽的材料堆砌，也没有讨巧的精美装饰，但却总是朴素大方，耐人寻味。

（二）明快亮丽室内风格与沉稳室内风格

明快亮丽室内风格的主要特点是空间结构富有一定变化，色彩以明快或亮色为主，或采用对比色创造色彩跳跃感，力求总体空间效果活泼轻松。例如，儿童房常采用红蓝对比较强的设计手法。

　　沉稳室内风格体现出空间成熟、大气的绅士气韵。人们想要在空间结构中体现出规矩与尊贵的气质的话，可以采用对称的方式来表达，在用色方面多选用原木与经典黑白灰色，实木材质的厚重感能让家具显得更加沉稳、大气，因此该风格在选材方面回归到实木材质，这样更能经得住时间考验。在中式风格的室内设计中，通常会将设计和沉稳的风格结合，来体现出人们高雅的格调、博大的胸怀和优雅的生活态度。

　　（三）优雅风格

　　优雅风格。从字面意思我们就可以看出，该风格中空间最主要不是对于某种造型的表述，而是对于一种带有"小资"味道的室内设计风格的定义。这种风格是在简约主义风格下派生、衍生出来的空间风格，强调空间气质的静谧、从容，不张扬、浮躁。优雅风格相对来说，比较适合女性，在色彩选择上，也常常采用浅色为主，比如空间中采用浅白色、米黄色、淡粉色等轻飘的纱帘，配以柔软的灰白色、浅米色等淡雅色的布艺沙发，从而营造出优雅的视觉感受。如若想更好地传达优雅的风格，有的设计还会采取将一堵墙的上部分与顶棚涂成一样的颜色，墙面则使用浅色系带有淡淡纹理的墙纸。优雅风格受到女性的喜爱，造价并不高，因此是白领在公寓装修选择中的首选之一。

　　（四）现代前卫风格

　　现代前卫风格演绎的是现代人的另类生活，以彰显自我、表达个性、特立独行为其设计主旨。该风格中空间不喜规则的平面规划布局，而是多采用变化的、灵动的空间结构，其在色彩上也勇于尝试，鲜明对比是常常被采取的设色方式，夺人眼球。材质也是十分大胆，往往通过强烈的反差或对比加强个性的表达效果，如玻璃和镜面的采用、石材和布料的搭配对比，造型奇特的灯具和变化多端的灯光效果等，无一不是表达了使用者的鲜明个性。在图案方面，抽象的图案如波形曲线等都是上选图案，在保证功能使用舒适的基础上突破常规图案，张扬、创新。但值得人们注意的是，该风格应结合使用者的生活方式和行为习惯进行设计，防止流于表面、华而不实。

第六章　审美视角下建筑外部空间环境的设计

外部空间环境设计作为空间环境系统中的重要组成部分同样具有广泛的含义。现实中它通常被冠以"景观设计"的称谓，但人们对"景观"与"外部空间环境"的理解和涵盖的内容尚有争议，因此这里还是叫作"外部空间环境"。它是基于建筑体以外包括建筑外体形态在内的开敞性空间环境。设计师要想掌握外部空间环境设计的内容，就要把注意力放在对外部空间关系、构成要素与设计原则的学习上，逐步培养综合分析与设计构思的能力。

第一节　建筑外部空间环境设计概论

一、外部空间环境与城市空间系统

（一）外部空间环境与城市空间的关系

作为人类聚居活动的中心——城市，在漫长的发展进程中，由于不同的民族、地域、文化、经济结构、政治背景等因素而逐渐形成了不同的城市风貌，它述说着人类文明与历史，这一巨大的人工环境系统，也为人类生活、生产活动和精神需求提供了丰富多彩的空间环境。

城市空间系统的构成主要有围绕着具有不同功能的建筑或是建筑组团的若干单元空间，主要用于将众多单元空间连接起来的交通空间，还有其他公共空间。随着城市化进程加快，城市功能也不断进行着分化与整合，城市外部空间也逐渐形成了多种空间类型，这些空间立足于不同的功能重心，如以居住为主、以商业为主、以工业为主的空间等，从而形成了各具特色的城市外部空间，可供一定的特定人群进行相应的社会活动。其典型形态有园区建筑及其外环境城市广场、生态公园、商业步行街、滨水风光带等。

由于城市外部空间环境直接体现了城市外在空间形式，因此设计师在重视建筑内部空间的同时，还要对更为重要的外部空间加以重视。这里的城市外部空间一方面，是指城市内的一切可视的实体环境，如建筑、街道、公园等这些构成城市空间的物质基础；另一方面，从城市空间意义的角度出发，是指一种人与实体环境的互动关系。实体环境意义的实现离不开环境与人的活动所共同形成的互动空间。在进行城市外部空间的设计活动时，在其功能使用的考虑之外，还要重视城市实体环境的其他影响因素，包括历史文脉、价值观念，还有人的心理因素，以实现更好的城市外部空间设计。

（二）外部空间环境的分类

按照人的参与性和领域性程度的不同外部空间可分为私密性空间、半私密性空间、半公共性空间与公共性空间。

1. 私密性空间

它是外部空间中较为特殊的空间类型，其特征主要体现在个体领域感较强，尺度、开放性和受干扰性较小。严格意义上它应属于室内空间部分，而其作为外部空间存在的表现形式主要有两种：一种是围合感强烈的外部环境设施，如独立式公共电话亭、流动厕所，因其体量较小，参与者多为一人；另一种是由特定的人（或人群）的行为活动所形成的空间领域，参与者多为较亲密的亲人和朋友，如在校园一角专心看书的学生、在街道旁窃窃私语的朋友、在公园里野餐的三口之家，他（或他们）不希望活动中有他人参与而受到干扰。

2. 半私密性空间

这类空间在围合和领域上有一定程度的开放性，但仍然处于较小的空间范围。与私密性空间相比，其参与人数有所增加，但很有限，私密性也较弱。此类空间主要有宅前花园、庭院，还有由发生在邻里和好友间小范围的交谈、娱乐、聚会等行为活动所形成的空间领域，它们可允许一定程度的参与和干扰。

3. 半公共性空间

较之前两种空间，半公共性空间的空间范围较大，参与性和围合性较强，处于半公开状态。这类空间主要有住宅社区、学校、政府机关、工厂等较为闭合的综合性空间，对于使用者而言它是公开的。

4. 公共性空间

顾名思义，它是对所有人开放的空间，是四种空间类型中人的参与性最强，而个体领域性最弱的空间。它具有丰富的空间层次与表情，是城市景观与功能的集中体现。其表现形式有街道、广场，公园、风光带等，这些为满足人们出行、购物、休闲、娱乐等多方面需要的开放空间都属于公共性空间。

以上对外部空间环境的分类是从两种不同的角度来剖析城市空间的结构和组合关系。不同类型的室外空间环境在城市中扮演着不同的角色，它们相对独立又各有包容，相互影响又相互作用。设计者只有基于这种认识，才能在今后的设计中做到有的放矢。

二、外部空间环境设计的综合分析与构思

外部空间环境设计的目标就是为了解决设计对象目前存在的问题，而设计的过程就是提出问题、分析问题和解决问题，只有正确地、全面地对空间环境进行综合分析与构思，才能把握住其主要矛盾，从而建立整体环境的新秩序。

要做好外部空间设计首先要掌握外部空间环境设计的四个主要的设计原则，并以此为思考方向与指导。外部空间环境从性质、规模、使用要求及内容组成四个角度出发，并且在设计时协调自然、人工及人文要素，建立在以上这些要素的基础之上我们才能把握住外部空间设计的主要矛盾，从而使立足于整体环境的新秩序得以建立。

（一）外部空间环境的设计原则

1. 整体性原则

整体性原则是对整个设计过程的宏观指导，是为了使外部空间环境的各个构成要素之间及它作为城市空间环境的子系统与城市整体形态之间形成有机的协调关系。

每个城市的空间环境都是由不同时期的物质形态叠加而成，并或多或少地存在着自身的形态特征和体系，如工业性、商业性、历史性、政治性、旅游性等不同主体属性的城市，它们的地理位置、空间结构、功能布局、自然和人文风貌也都大相径庭，因此设计时应当尊重城市环境既存的形态特征和体系，处理好设计对象与邻近街道和建筑物及其风格、色彩、尺度和肌理的整体关系。

这种整体关系存在两种方式：一种是协调，由于外部空间环境的形态是在漫长的历史发展过程中形成的，往往存在一种维持原有形态的趋向，使其形态保持稳定性等特点，因而设计对象形成与整体性是相协调的、连续性的空间形态；另外一种是重整，由于原有的环境形态滞后于发展变化，只是进行环境内部形态的变化，难以适应发展变化的要求。因此，必须将设计对象的各组成要素按新的方式重新排列整合，以建立起一种新的动态平衡。一个新的外部空间环境能否融合于既存环境之中，在于它是否保持和发展了空间环境形态的整

体性。

2. 人性化原则

人性化原则就是以人为本的原则，它重视人在空间环境中活动的生理、心理和行为，把关心人、尊重人的概念运用在设计中，从而创造出满足人们多样化需求的理想的生存环境。

人在空间环境中是起主导作用的，创造一个安全、便捷、舒适、健康的，并且还具有不同性质、不同功能、不同规模的空间环境，目的是要适应不同年龄、不同阶层、不同文化背景的人，让人们产生认同感与归属感。设计中，要注意尺度，空间尺度应符合人的比例尺度，使空间亲切宜人；要完善环境设施，注意细部处理，为人们尽量创造舒适的空间，体现对人的关怀，要充分利用地形绿化、水体、阳光等元素创造出具有自然美的空间环境，给人以亲近自然的倾向还要多创造有特色化和参与性的空间环境，给人以兴奋感和亲和力，从而也使空间环境更具吸引力和生命力。

21世纪以来，以人为本理念与可持续发展战略的提出，可以说是人类对自身价值和地位认识的一次大飞跃，也是人类社会的又一次进步。现代城市空间，作为人们进行交往、观赏、娱乐等活动的空间，其设计目的主要是立足于"人"这一活动主体，围绕着不同年龄阶段，不同职业的人，深入研究他们对所存在空间中的活动环境心理，还有人在所存在空间产生的行为特征，并且创造出各具特色的现代城市空间环境，创造出具有不同性质、规模、功能，更为方便舒适的、可进行多样性活动的空间，满足人们对多样化空间的需求。

人与使用空间环境之间的关系是复杂多向的，在空间环境中，人是起主导作用的，理想空间环境的设计与创造的最终目的，均是为了人。空间环境设计在满足人的多样化行为及心理需求的同时，环境对人还具有一定程度的限制作用。人依据不同的空间环境会产生不同的感受，由此可见，人的心理不仅是沟通人与环境之间的基础和桥梁，还为空间环境设计提供了依据。

在空间环境中活动的人，无论是自我独处的个人行为，还是公共的社会行为，都具有私密性与公共性的双重关系。与人共处的行为中距离是最重要的，在同层情况下，距离越近、关系越亲密，耳闻目睹，感知清晰，超过百米，虽然有形但已不能发生交流作用。人在时间上对空间环境有以下几种表现。

①瞬时效应。它指在所处空间环境的刺激下，即时产生的反应。

②历时效应。它是指景物、环境的刺激是按一定的序列展开，将人逐渐带入一个又一个情景之中。

③历史效应。它是指城市空间环境的信息，是在历史的理解过程中不断生成和积淀的，形成了物质形态背后隐藏着的深层文脉。

3. 可持续发展与生态原则

人类在不断进行创造。而随着城市化进程加快，人口剧增，资源消耗过度，城市环境质量受到了不同程度损害。人们不得不重新审视自身的社会经济行为，并认识到人类应与自然和谐共存，为子孙提供一个良好的生态发展空间，实现可持续发展。

可持续发展与生态原则在外部空间环境设计中的体现就是设计要遵循生态规律，注重对生态环境的保护，本着环境建设与保护相结合的原则，力求取得经济效益、社会效益、环境效益的统一，创造舒适、优美、健康、洁净、整体有序、协调共生并具有可持续发展特点的良性生态系统和城市生活环境。

外部环境在设计上要求从城市生态环境的整体出发，对自然景区、历史性建筑及街区实行保护开发政策，保护自然风貌与人文景观资源不被破坏，进行科学的环境治理及基础设施改善，并控制人工开发；对新建设的空间环境要尊重城市的整体形态合理布局，充分利用自然生态条件，尽可能少地消耗一切不可再生的资源和能源，减少对环境的不利影响，为现在或将来的人们的各种活动创造出更美好的生存空间。实现可持续发展的生态原则就是遵循以下生态规律。

①生态平衡规律。

②生态优化规律。

③实事求是，合理布局。

城市环境设计上，讲求从城市生态环境的整体出发，在点、线，面不同层次的空间设计领域中，利用自然、再现自然。同时强调城市生态小环境要合理，既要有充足的阳光，又要有足够的绿色植被，为人们的各种活动创造出更美好的生活环境。

4. 个性化创造原则

设计的灵魂在于创新，即设计活动中的个性化（特色化）创造。个性化创造是指设计者所创作的空间环境在形态与内涵等方面具有与其他同类环境不同的内在本质和外在特性。人们总是追求一种舒适、有人情味和富有个性的外部空间环境，这也正是城市形象的理想状态。一个成功的个性化设计作品不是凭借设计师的心血来潮、凭空臆造而得来的，它是理性和感性的有机结合，而其

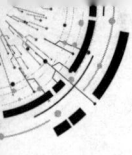

中艺术的创造性思维是关键。在项目设计中设计师要对环境所处地形、区位、在空间环境体系中的地位与作用进行全面地考察分析，并查阅相关资料与同类案例，再得出准确的定位以便设计出既满足现实生活需求，又具有地方特色和时代信息的空间环境。

个性化创造是人们对所处空间环境的一种诉求，它能给环境带来特色和亮点，也会增强环境的活力、吸引力及可记忆性。

5.建筑形式的视觉属性原则

形状、度量、尺度、色彩和质感，形状是指物体表面周边轮廓的特写造型；度量实际是它的长、宽和高，度量的特征确定了形式的比例；物体的尺度则是由自身的尺寸及与周围其他形式的关系所决定的；色彩和质感是指形式表面的色相，即明度、色度，色彩是与周围环境相区别最有表现力的一种特殊属性它在不同程度上也影响着形式的视觉重量，而质感的变化直接影响到形式外表，人们对它的直接感受是来自触觉和视觉的变化位置，是形式与它所在的环境或视觉范围有直接感受的地方。

（二）外部空间环境设计的综合分析与构思过程

城市外部空间环境的最终形成是一个漫长而复杂的过程，其空间形态的发展往往受到自然地理环境、社会意识形态、政治与经济体制、经济技术水平、城市规划政策导向、建筑学思维、工艺与艺术风格定位等多种维度的综合影响。因此，设计并不能拘泥于各环境要素的本身，而是要在深入分析空间环境要素之间的关系及其结构的基础上，有效组织空间并进一步创造空间，做到合理地继承与发扬。简而言之，设计构思过程大致可分为以下几个步骤。

①问题提出。问题提出是一个综合分析的结果。设计者首先要能够体现问题，这必须建立在设计者是否掌握了详细的一手资料，包括对图、设计要求及其他同类案例等相关资料收集，再用分析的方法，把出现的问题分解，以便找到解决问题的途径。

②概念整合。概念整合是化零为整的过程，以便将前面零碎的问题进行提炼与整合，做出准确定位。在开始设计时设计师必须把握阶段目标，制定要素及分析图，其中要素包括人的要素、环境的要素和技术的要素。深入研究它们之间的关系，是整合概念的重要步骤。

③形式生成。设计师有了详细分析与整体把握，就能综合各种因素而形成具体的形式造型。

第二节　建筑外部空间环境的设计要素

一、外部环境的范畴与设计要素

从古至今，从内到外在建筑设计过程中，环境的好坏对建筑的影响甚大，并且影响因素是极其复杂和多方面的，要使建筑与环境有机融合在一起，设计师就必须从各个方面来考虑它们之间的相互影响和联系，从环境艺术设计的角度对不同层面的环境及其环境要素进行研究分析，形成一个初步的在建筑设计时可以参考的环境构思框架，可以有助于清晰、系统地对建筑设计问题进行思考。对于如何在建筑设计中利用环境，各个建筑师的看法很不相同。

一种观点认为，建筑的形式应当模仿自然界的有机体，应当与自然环境形成和谐一致的关系，成为自然的一部分；另外一种观点认为，建筑是一种人工产品，否定了建筑应当模仿有机体的观点，认为建筑应当与自然形成一种对比关系，明确表现出建筑的人工建造特点。尽管这两种观点关于建筑的侧重点不同，但对建筑应与环境共存相统一的理念，均没有表现出否定态度，而实际上这两种观点只是在达到建筑与环境相统一的方式方面存在不同，它们一种是通过调和而达到统一；另外一种是通过对比达到统一。总的来说，无论是哪种观点，哪些营造手法，其最终目的都是使建筑与环境相统一。

（一）宏观大层面——城市层面

1. 内涵

城市层面是指体现城市整体性特征的环境层面。任何一座城市经过历史的积累都会逐步形成各自特有的城市环境。从宏观上来看，建筑设计要与城市整体环境相联系，强化城市的环境特征，使建筑清晰地融入城市环境之中。城市层面的环境特征如下所示。

①意义性特征。它是指城市空间具有较强的可识别性、归属性、安全性等。

②整体性特征。它是指城市经过历史积累逐步体现出的一定的整体秩序性。

③生长性特征。它是指随着经济的发展及人们生活方式、生活结构的变化，导致城市的环境结构处于不断新陈代谢之中的性质。

④多样性特征。它是指社会生活对建筑及外部环境需求的多样性。

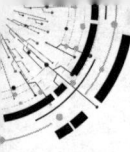

2. 环境要素

（1）自然要素

城市层面环境的自然要素是指城市中自然形成的地理条件，如地形地貌水体绿地等，还包括气候等城市生态因素，如日照、风向、降雨量、气温等。

①地形地貌。城市层面环境中的地形地貌指的是城市的地表特征，即各具特色的城市自然景观特征。

②自然水体。城市层面的自然水体气势恢宏，是形成城市自然形态的重要因素，其包括江河湖泊等一切形式的水体。水体岸线是城市中最富有魅力和生机的场所，也是一种联系空间的介质。

③绿地。城市中的绿地包括乔木、灌木、花卉、草地及地被植物。城市绿地具有空间性、时间性和地域性三方面特征。绿化的不同高度具有不同的空间感；绿化的生长具有时间性，除了随着时间的变化而出现的形态上的变化，还会给人们带来不同的回忆。此外，由于绿化受气候因素影响较强，因此具有很强的地域性，能反映一个城市的个性和特色。

④气候条件。城市所处的地域气候条件直接影响着城市的形体空间，不同的气候条件赋予了城市不同的建筑特色。城市的外部形态中必定会反映出，该城市地域气候的干、湿度变化，还有动植物群落等，这些自然要素在为城市提供必需的用地条件同时，也对城市发展和建筑布局起着重要的影响作用，它决定着城市整体景观的潜在构造。

（2）人工要素

城市层面环境的人工要素是指城市中人工建设的城市景观体系、城市空间结构和城市功能等。

①城市景观。城市景观是指在城市范围内各种视觉事物和视觉事件构成的视觉总体。因此，城市景观是城市视觉形式的表达，从城市景观中人们可以获得城市的环境意象。凯文·林奇曾说过："城市景观是一些可被看、被记忆、被喜欢的东西。"林奇在城市空间形态的分析设计中，融入了意象概念，并且提出了关于城市空间环境的两个要求，即可识别性和意象性。其中可识别性是意象性的保证，但这并不意味着所有可识别性环境都可导致意象性，只有经过理性的辨认引起的视觉反应才叫意象。林奇概括出形成城市意象的 5 个要素分别是通道、边、区、节点、标志，这五个要素共同构成了城市景观的整体结构。

②城市空间结构。城市空间结构总体来说是指城市各人工要素，其具有的空间区位分布特征及组合规律。政治、经济、社会，文化活动直接影响着城市

空间结构形成，并且在这种复杂的环境下形成的城市空间结构，通常有以下三种形式。

一是中心型结构。这种城市结构通常围绕一个中心空间组织建筑群，表达了城市居民精神上的共同追求，深刻反映出一种社会向心概念，体现了社会的理性和秩序，这样的城市具有较强的整体性和象征性，例如法国巴黎、莫斯科。

二是网格型结构。这种城市具有层次十分清晰的网格秩序。这种秩序通常表达了机会平等的理想，例如美国纽约曼哈顿。

三是线形结构。这种城市的布局通过沿街道、河道布置建筑物，或通过某个建筑群的轴线关系纵向延伸，最终串联成若干主要节点场所，是以功能合理的地域条件和经济条件为准则的众多个体形象逐渐积累的结果。例如西班牙带形城市、巴黎德方斯副中心。

③城市功能。城市的功能也是城市的人工要素，对城市的正常运行起着至关重要的作用，城市功能与城市空间结构和形态密切相关。随着生产力发展和生产关系转变，城市功能也随之发生了变化，城市从工业时代的生产型城市发展到现在集商业、工业、交通、金融、管理等多功能型城市，产生了现代城市中不同用地的功能分区。当今社会还在发生迅速转变，城市功能仍会随之变化。

（3）人文要素

城市层面环境的人文要素是指城市中长期形成的历史文化形态、社会形态、城市发展政策等，这些人文要素展现了城市的地域性特征。

①历史文化形态。由于城市不仅具有悠久的历史文化，还具有丰富的古迹与遗产，可以说，城市是人类文明的缩影，是人类赖以生存的精神依托。城市是真实记录了人类进步的一种物质载体，具有明显的历史延续性。每一特定地区城市空间的组织与发展，均会受到种族群体的文化传统及其演进的影响，进而使城市空间衍化出了地域文化风格。

②社会形态。城市社会形态是由血缘、地缘、宗教缘等经过长期的历史积累积淀而成的，潜藏在城市物质形态背后的人与物、人与人的各种关系和社会网络。它包含生活于整个网络中的各个社会组织。由于历史的积淀，城市社会形态在相当长的历史时期具有相当的稳定性和较强的凝聚力，能使人强烈感受到它的无形组织，还有它对人类精神依托不可估量的作用。

③城市发展政策。对建筑设计具有制约作用的城市各项政策及法规要素主要是指城市规划方面的，包括城市总体规划、详细规划。建筑目的、性质要符合城市总体规划下的结构布局原则；控制性详细规划对建筑项目要求更为具体，

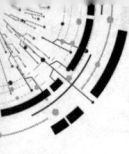

建筑设计必须切实反映详细规划之中的土地使用和建筑布局等各项细则。此外，它还包含一些政治环境及城市的法规要素，因为绝大多数城市建设活动都曾受到政治因素、宗教信仰、统治方式等的影响。

（二）中观层面——地段层面

1. 内涵

地段层面述说起来就是一种能够使地段整体性特征展现出来的环境层面，是指城市中特定环境建筑建设项目周边具有相对整体性的建筑外部环境。地段层面环境与建筑布局存在紧密联系。一方面，地段层面环境为建筑布局提供了基本依据；另一方面，建筑布局反作用于地段层面的外部环境，并且这一互动过程使建筑环境具体化。地段层面环境不仅连接了城市规划与建筑设计，还将城市空间与建筑空间有效联系了起来，作为城市总体结构的一部分，每一个地段层面环境均反映出了城市的整体性特征，在同一地段环境中，城市普遍具有某些共同的连续性特征，这些特征在很大程度上是对地段环境特征的一种强化。

2. 环境要素

（1）自然要素

地段层面环境中的自然要素是指特定地段范围内的自然景观和气候条件。这里的自然景观主要指自然形态因素，如地形地貌、绿化水域等，相对城市自然环境因素来说范围较小，为地段所特有；气候条件主要指由于受气候因素如日照、风向、降雨量等影响所形成的地段特殊气候条件。在考虑地段环境的自然要素时，建筑设计首先要寻找地段环境中自然因素的特性，使自然与建筑共生。

（2）人工要素

地段层面环境中的人工要素主要包括地段环境的框架、空间和形体等方面。

①地段环境框架。地段环境框架指地段所有人工要素及其规律的表现形式，是在特定的建筑环境条件下，人类各种活动和自然因素相互作用的综合反映，包括城市肌理、道路布局及建筑轮廓等。地段环境整体框架的构成关系与组合特征是多种多样的，建筑构成与环境框架之间是相互作用的，设计过程是由"建筑"向"环境"和由"环境"向"建筑"不断调整的双向过程。

②地段环境空间。外部空间是由建筑实体围合、限定而成的虚空部分，也即实体之间的空隙部分，它随着建筑实体的产生而从原空间中分离出来，成为有特性的、有别于原空间的建筑外部空间。它和建筑内部空间不同，是由基地

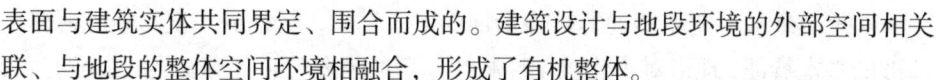

表面与建筑实体共同界定、围合而成的。建筑设计与地段环境的外部空间相关联、与地段的整体空间环境相融合，形成了有机整体。

③地段环境形体。整个地段环境中最主要的人工形体要素就是原有建筑形体。形体与空间具有"底"和"图"的关系，二者相互依存，是建筑环境的存在方式。在时空的延续中，建筑形体呈现出动态发展的过程，又显现出相对的稳定性，在一个具有良好结构的环境中，形体的展示是明晰的、有序的，它们形成人们认知环境的同时又影响人们的行为活动，建筑形体是环境的一个重要层面，是环境特色的物质基础。

（3）人文要素

地段层面环境中的人文要素主要包括地段环境中的历史文化因素和人性化空间，如人的行为方式、社会组织结构。这些人文要素是受城市环境层面人文因素影响，并结合地段所特有的人文特征形成的。地段环境由于其范围的特定性，其中的历史文化、社会结构等人文因素显得更加突出和明显，这些因素使地段环境成为有意义的整体，该整体被称为场所。这样的场所空间里存在某种内在的力量，克里斯蒂安·诺伯格·舒尔茨将这种内在力量称为场所精神，这种场所精神使生活在其中的使用者在行为上积极互动、相互依存，并在精神心态上形成"一体化"的感觉。

要创造出具有时代地域特征的场所空间，必须以历史文化、社会结构为根据，创造出符合此地段内人的生活方式变化及人们行为活动的特征环境空间，满足在此场所中使用者对开放性、多样性、领域性和休闲性的需要。

（三）微观层面——场地层面

1. 内涵

场地层面主要是指体现场地整体性特征的环境层面，其主要是场地内建筑实体、道路、绿化等要素及其相互作用所组成的整体。场地层面环境的特征是任何一块场地都是其所处地段中的一个片段，是建筑环境的具体表现。它属于城市环境、地段环境范畴，并与它们密切相关。场地环境与建筑设计有着直接、密切的关系，因此是环境建筑物设计研究的重点。

2. 环境要素

（1）自然要素

场地层面环境中的自然要素主要指建设项目所处场地的地形地貌、水文、绿化、气候条件等对建筑的布局形成的直接制约。

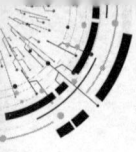

①地形地貌。这里的地形是指场地的形态基础，场地的坡度、地势情况是地形的基本特征。地形对于建筑设计制约作用的强弱与它自身变化的程度有关，变化越大影响越强。地貌是指场地的表面情况。它是由场地的表面构成元素、各元素的形态及所占比例决定的，一般包括土壤岩石、植被、水面等方面情况。

②水文条件。场地内的水文条件是指地内及周边江河湖泊等水体与场地内地下水的存在形式。水文条件不仅关系着场地中建筑物位置选择，也关系到地下工程设施、管线的布置方式及排水的组织方式。

③绿化。绿化是建筑场地环境的重要组成部分。绿化除了具有调节气候、净化空气、保持水土、美化环境等基本生态功能外，在场地环境内又具有组织空间、丰富环境色彩等作用。

④气候条件。气候与小气候是场地条件的重要组成部分。气候条件是促成建筑设计地方特色形成的重要因素，在一定程度上属于城市环境、地段环境的范畴。一个城市通常具有相似的大气候。然而，由于受到场地及其周围环境一些具体设计条件（如地形、植被情况、周围建筑物构成情况等）影响，场地内的具体条件会在地区整个气候条件的基础上有所变化，形成特定的小气候，这种小气候会因为具体影响因素不同而不同。建筑设计要从节约能源、保护生态环境出发，与场地气候条件相适应，创造更加良好的小气候环境。

（2）人工要素

场地层面环境中的人工要素主要指建设项目场地的各项用地条件，包括场地的基本情况和设施情况。场地的基本情况包括场地的形状、面积大小等。场地设施是指场地内部及其周围所有非自然形成的基地条件。场地中除了自然条件外，常会有一些原来建设的人工要素，对建筑设计产生不可避免的影响。此外，场地周围的环境也是场地的重要背景，是影响场地布局的重要因素，如场地在地段环境中所处的位置、场地周围土地使用情况、道路分布形态、重要建筑物与构筑物、公共服务设施等这些因素直接影响了场地布局和城市的和谐关系。

（3）人文要素

城市、地段、场地三个层面环境综合作用共同构成了建筑外部环境的特征，此三者既相互联系又相互独立，从范围来看越来越小，从环境要素来看越来越具体、越来越深入。

对环境层面的分析，有助于建筑设计的深入，使建筑设计在功能、形式空间等方面与建筑所处的外部环境相契合。任何建筑设计之初都必须对建筑的外环境进行分析，大到宏观城市层面，小到建设项目场地环境，不同情况下的建筑对环境层面分析的侧重不同。对于环境建筑设计来说，一般情况下首先与其设计过程联系最直接、最紧密的环境层面是指此建筑物的场地环境，也称为基地环境，通常设计前会对它进行重点详细分析，其直接影响建筑的形态、布局等设计因素；其次建筑物所处的这块场地也会受到周围环境影响，因此对地段环境的分析也必不可少。此外，城市层面的环境要素也应考虑其中，它通常从宏观上、本质上影响建筑设计的思路和方案，例如此建筑在城市空间中的位置、城市历史文化因素体现等因素。对于环境建筑来说，由于建筑规模一般不大，建筑通常受宏观层面环境因素的影响较小，其场地层面的外部环境分析是重点，是基础。在诸多的环境要素中，自然、人工、人文这三方面都需考虑，但不同的建筑类型对其重视程度也有主次之分。例如，生态类型的建筑对自然因素考虑更多；现代主义建筑对人工因素考虑较多；地域性建筑更多重视人文方面的因素等。

这些环境因素对建筑的影响是极其复杂和多方面的，不仅体现在建筑物的体形组合和立面处理上，还体现在内部空间的组织和安排上，甚至还影响使用者的心理。因此，要使建筑与环境有机融合在一起，必须从各个方面来考虑它们之间的相互影响和联系，只有这样，才能最大限度利用自然条件来美化环境。

二、外部空间环境与自然环境设计要素

高质量建筑环境的形成应与自然景观因素相协调，总的来说主要体现在两方面，一方面是与整体自然景观环境有机协调，以自然景观要素为依据，对自然景观进行模仿、提炼和重整，这正体现了"环境建筑"的主题；另一方面把建筑空间形态融入自然环境之中，这种协调源于对地段环境的分析与利用，最终达到与环境和谐。建筑设计采用主动方式与环境协调，使建筑在环境中相对"隐匿"为"显露"的方式，从而建立新的局部环境，但在大的城市环境内仍保持高层次的统一协调效果、自然景观要素。

（一）外部空间环境自然景观要素

1. 地理条件

（1）场地地质条件

设计师需要对场地的地质条件——土壤特性与承载力、地震设计强度进行了解，避免在不良地质现象多发地建立建筑物，同时根据土地承载力的制约考虑建造层数。

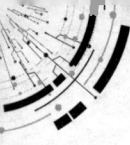

（2）场地及周边地段地形的变化与利用

场地地形一般分为平地和坡地两种形式。原有的基地无论是平地还是坡地我们都可以根据需要加以利用和改变。例如，将坡地进行平整或者变成台阶式的平台，或者将平地变成高低不同的台地。地形设计的原则仍是以合理利用原有地形为原则，一般来说，当自然坡度小于3%时，应选用坡度与标高无明显变化的平坡式布局，当自然坡度大于8%时，选用标高陡然变化的台阶式布局较经济自然。地形的坡度太小不利于排水，太大不利于活动场地布置。合理的布置能够避免水土流失，产生良好的地表排水，同时有利于各级道路的布置与组织。此外，地形的变化可以创造出新的环境景观，界定新的空间，有时还具有气候屏障的作用，例如挡风、遮雨、隔噪音等。地形对于景观的形成也具有重要作用，它可以自身成景，引导视线，成为视觉焦点；或者为形成开阔、发散的空间起到背景的作用，同时能够遮挡、引导视线，以形成独特的景观格局，我们在设计过程中应把握住各种地形的性质特点，同时注意视距与构图控制。场地及周边地段的地形对建筑形体布局产生了显著影响，不同的地形各自暗示了不同的建筑格局。例如，坡地地形中，建筑的布局与坡地等高线之间存在着微妙的关系，一方面，可以沿着等高线排列；另一方面，等高线可以斜交，也可以垂直排列。

（3）场地及周边地段的地貌影响

为实现建筑与环境的和谐统一，首先要考虑场地及周边地段的地貌自身具有的景观特征；其次考虑场地特殊地貌对建筑的造型和建筑材质肌理具有的影响。赖特设计的西塔里埃森，将建筑"生长"在荒漠沙石中，纵横交错的木架与粗粝的石墙插入大地，其造型与选材都与场地地貌保持着自内而外的统一。此外，对于自然地理环境的利用有时候不仅限于邻近建筑物四周的地形、地貌，还可以扩大到相当远的范围。

2. 水文条件

（1）明确场地周边水体情况

首先分析场地内及周边是否有江河湖泊、水库、地下水等水源。如果有则要充分掌握此水源与场地位置、空间、交通、景观等方面的关系。

（2）建筑物与水关系的处理

平面上：水体的形态影响建筑形态，水面形状有规则式和自然式之分，为了达到建筑与环境的和谐统一，建筑的形体一般采用与水体一致的形式，例如规则式的水体周围建筑布局也较整齐，多采用与水体形式类似的几何形，如果是自然形式的水体则通常在建筑设计时顺应水的形状依势而形成相应的形状，做到与水交融。

空间上：在空间上处理好水与建筑的关系，可以充分享受到水景，其处理方式通常有以下几种形式，一是最普遍的情况，建筑物临水而建；二是将建筑物延伸到水面上方；三是将水域引入室内；四是建筑物横跨于水面之上；五是利用水面的反射作用使建筑物具有整体性。

（3）场地内排水组织处理

通常建筑物应避免位于排水困难的低洼地区。场地排水组织一般有两种形式：一种是利用自然地形的高低或在建筑物四周铺筑有坡度的硬地来排水，即明沟排水；二是采取地下排水系统，即暗管排水。前者用于场地内建筑物、构筑物比较分散的情况，后者用于集中的情况。此外，可以利用建筑设计更好地组织排水，改变排水方向等。

3. 绿化条件

从宏观层面来看，绿化一方面具有提高环境质量的功能，能够净化空气、保持水土、调解气温，对改善建筑外部大环境具有非常重要的作用；另一方面，绿化作为景观元素，在造型、色彩上有各自的特点，这些视觉元素不仅对建筑设计产生影响，而且一定程度上形成了城市环境的特征。除此之外，绿化还有分隔和组织空间的作用。设计师将绿化具体应用到地段、场地层面时，需要注意以下设计事项。

（1）绿化与场地建筑空间布局的关系

不同形状的绿化布置对场地中建筑、空间划分具有直接影响作用。例如，点状绿化由于其规模小，布置灵活性大，通常用来点缀环境和建筑，较为均衡地分布在建筑周围，是丰富场地景观的一种有效方式。绿化的布置应与建筑物保持一定的间距，以免与地上界面或地下的管线发生干扰。

（2）绿化与建筑造型的关系

绿化对建筑造型的影响主要表现为两方面，一方面，植物有灌、乔藤、竹、花、草等多种类型，各自有不同的形态，当绿化在建筑物周围出现或作为背景出现时，建筑物的轮廓与造型会受其影响；另一方面，随着生态主题的强化，出现了建筑物将绿化视为其自身的一个组成部分的建筑形式，例如壁体绿化、构件绿化、屋顶绿化等形式，从而使绿化直接参与到建筑造型之中。

（二）外部空间环境气候条件要素

场地和地段都处于城市之中，因此它们一方面受城市环境气候的影响，不同的气候产生不同的建筑形式和建筑组群形态，从而形成城市的地域特征及城市的个性和特色，如要求在寒冷冬季获得必需的日照，建筑也趋于封闭和密实；另一方面设计建筑所在场地和地段也可以通过一些设计策略改变和利用一些条件形成自己小范围内的特殊气候条件，有效利用有益的气候条件而规避一些不利的气候因素，从而进一步影响建筑设计。建筑设计与气候条件的关系主要体现在三个方面：一是对自然气候特征的保护，主要指在建筑设计中对周围环境的光、风向、气温等气候条件的考虑及相应环境技术的运用，以形成有利的气候条件来保持建筑周边环境生态系统平衡；二是对自然气候条件的利用，主要指建筑设计对自然采光和通风等考虑，还有对自然气候各种能源的利用，以创造布局合理、舒适的建筑环境。无论是城市、地段还是场地，环境气候条件中对建筑影响较大的因素主要包括日照、风向、气温和降水这几个方面。

1. 日照

"建筑是一些搭配起来的体块在光线下辉煌、正确和聪明的表演"，因此日照是建筑不可回避的背景因素，建筑形式和技术以各种方式对这一气候因素做出反应，参与其中，趋利避害。其主要体现在以下两个方面。

①日照对建筑朝向的影响。建筑朝向是指一幢建筑的空间方位，一般以主要房间向外最集中的方向为标志。确定建筑朝向时要考虑建筑主要功能区域的采光或是遮阳及太阳能利用等方面。总的来说，一般北半球南向光照条件最有利，南半球北向最有利。这是因为南北向布置的建筑物由于夏季太阳高度角比冬季大得多，因而冬季墙面上接受的太阳辐射热量与经过南向窗户照射到室内阳光的深度都比夏季多。寒带地区以冬季争取更多日照为主，亚热带地区则把夏季避免过多日照作为主要问题。我国广大温带与亚热带地区适合采用南北朝向；北纬45度以上的亚寒带、寒带地区可采用东西向。我国规定不同使用功能的建筑空间有不同的日照标准。

②日照对建筑间距的影响。在建筑群体布局过程中，根据日照标准考虑恰当的日照间距，才不会使建筑物出现前后光线遮挡的现象。我们利用建筑物高度、太阳高度角及冬季底层满窗日照时间，可以计算出日照间距的基本要求。当然建筑间距还受到其他条件制约，如防火、卫生、通风、视线干扰等，日照只是其中一个。

2. 风向

风向对建筑物朝向、造型和间距都有影响，建筑物所在场地的主导风向、强度及污染系数决定了在建筑物设计时设计师要选择什么样的气流组织方式。一般正常情况下，建筑需要有利的自然通风，建筑朝向应与当地主导风向相结合进行建筑布局，以引进充足的风量，增加自然通风效果，但由于所在基地的地形条件、环境条件与建筑组群布置，地区风向是会变化的，如山与谷、水与陆之间的温度差会产生相反方向的风向，对这些因素形成的局部风向，在布置朝向时需要考虑。总之，建筑的布局和自然通风可以成不同角度布置，如将建筑组群的布置前后左右交错排列或与主导风向成一角度布置，即可获得不同风量效果。此外，风向对建筑间距也有影响，主要体现在建筑为了获得良好的自然通风，前面的建筑不会遮挡后面建筑的自然通道。

3. 气温与降水

气温与降水一般是以城市层面来划分的气候条件，它们也对建筑设计有直接影响。对于炎热地区，在建筑设计上为了避免高温通常采用的策略有，利用建筑方位与造型避免阳光直射，控制光照时间；同时设置挑房檐、遮阳措施；加厚围护墙体与屋顶，保持房屋通风的同时尽量减少日晒面开窗面积以此来降低传热。相反，如果在寒冷地区则需要尽可能多地获得日照的同时做好建筑保温工作。

三、外部空间人工环境与人文环境设计要素

（一）外部空间环境人工环境要素

1. 城市层面人工环境要素与建筑设计

城市层面的人工环境要素主要包括城市景观体系、城市空间结构和城市功能。通常大中型建筑设计时需要对这三方面因素的影响作用做出相应对策，使建筑设计符合城市地域特征。

（1）建筑设计与城市景观的关系

根据凯文·林奇的城市意象城市景观构成可分成区域、边缘、通道、节点、标志物五个要素，其中不难发现建筑物是构成空间、区域特征、边缘、节点和标志的重要因素，因此建筑物在形成城市景观方面起着重要作用。特别是重要建筑的标志性是形成城市意象的基础，建筑的选址布局从城市整体结构特征出发，在城市中建立了一套标志体系，帮助人们进行交通导向和定位并形成清晰

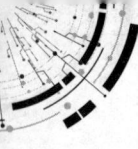

的城市认知地图。要使建筑物在城市环境层面既具有很强的识别性和意象性，又与城市景观和谐统一，在设计时人们应注意以下两个方面。

①城市轮廓线保护。城市轮廓线是人们感知城市的一种特殊视觉形态，在城市轮廓线中最有影响力的就是建筑。建筑物与城市特定的地形、绿化和水面组成了丰富的空间轮廓线，给人以强烈的视觉感受，对城市特征的表达发挥着极其重要的作用。

②城市空间轴线的利用。城市景观空间通常会结合建筑的功能、外部环境的特征及人流活动的规律形成不同的空间序列，不同的城市有不同的空间序列，同一城市不同地段也具有不同的空间序列，这些序列是沿着一定的空间轴线发展的，轴线虽然看不见，但是一种对空间能产生强烈制约的内在因素，能使空间内的各要素产生强烈的视觉联系，轴线加强可以增强城市空间的序列感，从而突出城市景观的空间特征。因此，在建筑设计时人们常常利用城市空间轴线的手段来组织城市空间。一方面，建筑要符合城市轴线的功能。不同城市空间序列具有不同的轴线功能，设计时可以通过不同功能的轴线来围合空间的形体结构，组织人的活动路线，控制、引导人的视觉；另一方面，建筑要符合轴线的性质，即明确建筑在轴线上的位置，其含义为判断建筑是处于轴线上，按照轴线的生长发展来布置、设计的，还是处于轴线的节点上甚至是终点上，形成的标志性建筑物，因此不同的位置暗示了不同的建筑格局。例如，法国巴黎最主要的一条轴线，是东西向的，是典型的政治轴线，在这条约 8km 的城市主轴线上，串联着众多的标志性建筑和公众活动开放空间。

（2）建筑设计与城市空间结构的关系

①协调关系。在建筑物设计过程中必须注意与城市空间结构相协调。首先，在城市结构形成和发展过程中，由于受城市基础设施、环境容量等限制，使城市结构具有了一定秩序化的稳定性，这种稳定性对建筑设计形成了一种制约。其次，由城市空间结构直接组成了城市的形象特征，并且这种形象特征在具有时间的延续性的同时还具有空间的连续性，因此在进行城市建筑设计时人们必须要重视城市文脉的保护和延续，即建筑物的设计要重视与城市空间结构的协调。

②重整关系。城市结构的稳定和城市经济发展之间的矛盾作用推动了城市发展。城市有一种维持原来内部组织系统的秩序和相互联系的趋向，使其内部结构具有较强的秩序性和较严密的组织结构，但随着城市经济结构和社会结构演变，城市空间结构也将随之改变，例如随着人口迁移，城市原有的邻里结构

也可能随之发生变化等。于是这就导致了城市空间结构不能适应快速的城市发展，出现局部混乱的现象，使城市结构发展失衡，失去特色，因此在建筑设计时必须和城市规划、城市设计相结合，针对城市结构的衰退再延续，在承传并发展原有秩序的基础上建立新的秩序一种新的动态平衡。具体来看，建筑设计时需要新的建筑形式，从而突出原有平淡的城市空间结构，以新颖而合理的形态来充实原有的环境，使城市成为生动而丰富的场所。新建筑的风格可以是多样化的，从而创造出多样化的城市环境，使城市空间的层次也更为丰富。

（3）建筑设计与城市功能的关系

建筑设计一方面要注意把握城市功能演变，建筑实体的功能要符合城市功能的演变规律，从而使城市功能随城市经济发展而不断变化，防止城市功能老化。例如，当今社会出现了许多新的大型综合建筑，集商业、金融、休闲、娱乐等功能于一体，这种建筑模式的出现正是顺应城市功能演变而形成的。另一方面当城市功能混乱时，建筑具有整合城市的功能，使城市各部分功能相互协调，例如位于交通密集地段的建筑应当在城市整体交通结构的层面上协调解决人车集散问题，即使不是以城市交通职能为主的建筑也可以与城市交通体系密切结合而发挥重要作用。

2. 场地及周边地段环境的人工环境要素与建筑设计

环境建筑通常属于中小型建筑，城市层面的宏观人工环境要素对其的影响相对较小，建筑本身对于整个城市人工环境的改变作用也较弱，因此在环境建筑设计中宏观层面的要素考虑较少，其建设项目的场地人工环境是研究重点，而场地总是处于一定的地段环境中，尤其与场地周围的地段环境有着不可分割的密切联系，在进行建筑及场地环境设计时，就不得不考虑周围地段环境的因素，地段环境因素无法与场地环境分开讨论。

（1）建筑物设计与场地基本状况

建筑物所处的场地受到城市规划相关的限制，只有在规定的范围内才能进行场地环境设计，建筑物建设这里的限制主要包括以下几个方面。

①征地范围。征地范围由城市规划管理部门根据城市规划要求而划定，它包括建设用地、代征道路用地、代征绿化用地等。

②道路红线。道路红线是城市道路（含居住区级道路）用地的规划控制线。道路红线总是成对出现其间的用地为城市道路用地、包括城市绿化带、人行道、非机动车道、隔离带、机动车道及道路岔路口等部分。

③建筑红线。建筑红线也称建筑控制线，是建筑物基底位置的控制线，通

常需要退后。一般来说，当场地与道路红线重合时建筑红线会从道路红线后退一定距离，用来安排台阶、建筑基础、道路、广场、绿化及地下管线和临时性建筑物等设施。当场地以相邻建筑物用地边界线为界限时，城规主管部门一般以相邻建筑物用地边界线退后，作为新建筑物的建筑控制线。

总之，确定建筑物设计的基底区域必须是在建筑红线之内，此外还需考虑与相邻建筑之间的日照、消防间距等因素。除此之外，场地的形状、大小影响着建筑的体形和布局。一般来说，为了提高土地的使用率同时做到建筑物与环境的融合，建筑体形的外轮廓通常与场地地形的外轮廓相呼应。此外，设计时还可利用建筑物与基地之间的户外空间形成缓冲区域。

（2）场地设施与建筑设计

这里的场地设施主要指建设场地及周围地段市政设施、建筑物、构筑物等人工建造物。首先，建筑设计前期，应了解市政基础设施的布置情况，选择合适的建造地址，使建筑从功能和技术方面能合理有效地利用这些基础设施。其次，场地及场地周围地段的建筑物、构筑物及它们形成的环境空间对场地内的环境和建筑设计具有重要的影响作用，在分析时要充分发掘其中的有利因素，为确定场地内的空间布局提供依据。

①与场地周边地段中的建筑物、构筑物的关系。地段环境中的人工要素对场地中新建建筑物具有重要的影响。环境建筑物设计时首先要考虑所建场地在地段轴线、街道网络中所处的位置和重要性程度，这直接影响了建筑平面布局、体型、尺度等方面；然后，地段环境的基本轮廓和原有地段其他建筑的轮廓，造型，风格对新建建筑的轮廓、立面以及细部形式的造型，应具有连续性效果。

②与场地内原有的建筑物、构筑物的关系。当场地内原有建筑物、构筑物较小，状况较差，时间久而无历史价值或者原有建筑物内容与新建项目要求差距较大时，这类情况对设计的制约和影响小，应予以拆除重建；若场地中存留的设施具有一定规模、状况好，则不应采取全部拆除的办法，要采用保留保护利用、改造与新建相结合的多种方法，如场地中原有人工因素具有一定的历史价值，如一些历史建筑、广场等，设计中要尽量保留利用，而且应给予相应的地位，展现其价值。

（3）交通组织与建筑设计

交通组织是决定建筑物位置、用地布局的因素之一，合理布置场地内的道路、广场是组织好场地内人流、车流交通的前提。交通组织的目的在于满足场地内各种活动的交通要求，从而为场地功能布局提供良好的内外交通条件，确立场地基本的交通组织方式。这种组织方式表达了场地内建筑、人、车运动的基本模式和基本轨迹。从场地环境结构的角度看，它是为场地确立了一个道路交通的基本骨架，场地内的道路、广场设施是组织各种交通流线的基本物质条件。

整个交通组织通常具有两方面的作用，其一是对外连接周边地段，使该建筑融入城市当中，有时通过与广场结合成为交通的纽带；其二是内部联系作用，通过道路交通的安排将场地上各自孤立的部分连接起来，使场地内的建筑功能有效运行。道理交通系统包括三个组成要素，即出入口、道路（动态交通）、停车场（静态交通），三者可以成为一个有机的整体。

①出入口的设置。场地周边道路及其他交通设施对场地及建筑物设计的影响最主要体现在场地与建筑出入口的位置。入口选择是否恰当直接关系到场地与城市道路的衔接是否合理，后续设计中室外场地各种流线组织是否有序，建筑物主入口、门厅及其他功能布局是否合理等。

②道路——动态交通。场地内道路的功能和分类取决于场地的规模、性质等因素。场地内道路主要分为主干道、次干道、场地支路、引道、人行道等场地道路，并且这些场地道路具有的形态常常影响建筑布局。

③停车场（静态交通）。交通空间中除了道路，还需要考虑停车场的布置。停车场一般与绿化、广场、建筑物、道路等结合布置，分为地面和多层停车场两种。停车场的选址要和城市道路相联系，以避免造成交叉口的交通混乱。

（二）外部空间环境人文环境要素

由于人文环境的特殊性，人们无法将城市、地段、场地三个层次的人文环境划分清楚，三者之间联系紧密，相互包容，共同作用于建筑设计中。因此，在建筑设计中设计师通常将人文环境从三个层面综合考虑，创造出具有地域文化风格的场所精神。

1. 建筑设计与人文环境要素相和谐

设计中建筑物与人文环境要素的协调，首先设计师要有层次地从历史及文化角度进行城市、地段、场地、单体建筑物分析，从而和城市的整体风貌特征相协调。具体来看，就是设计时把历史文化因素融入建筑设计的架构之中，以再现历史因素及本土特征来诠释场所感。贝聿铭设计的苏州博物馆就是建筑与人文环境协调的杰作。它毗邻拙政园、狮子林、忠王府等名胜的特殊地理位置赋予其文化气质，中国园林、建筑的传统形态及符号在新馆设计中体现得淋漓尽致。建筑采用灰色石材边饰，清晰勾勒出启承转折的白墙面几何边缘，由矩形、菱形、三角形为基本元素组合塑造出的屋顶形式，是对传统元素的抽象再现。建筑物围合而形成的院落形式保留了庭院这一传统空间形式，既是建筑物之间的过渡空间又是刻意营造的室外共享环境。

2.建筑设计体现人文环境要素的新延续

历史文化的延续性使世间万物都具有了生命力，它的活动是动态的，具有一种明显的动态性。因此，在建筑设计时设计师要注重这种历史文化形态的延续性，要考虑建筑所在的场地、地段、城市环境所形成的有机流动，渗透，交叠的延伸关系，使地段、场地具有历史及文化延续性，形成有场所意义的空间特征。同时挖掘环境中历史文化因素的生命力特征，形成一种新的设计模式和尺度，依靠这种富于生机的模式和尺度所创造的新的环境，从而体现协调基础上的延续。具体来说，建筑的场所精神含义不是不假思索地试图模仿毗邻的，甚至是糟糕的环境和建筑而是需要引入新的元素，突破局限性。

安藤忠雄说："建筑一定不要简单地去合已有的环境，建筑和环境之间一定要有以摩擦和冲突为特征的刺激性对话，这也正是有可能创造新价值的地方。"历史的记忆应该被延续而不是原封不动地保留，建筑物的设计可以在与历史对话的同时创造新的未来。法国罗浮宫金字塔正是人文环境新延续的代表作，它同样是贝聿铭设计的，但与苏州博物馆采用了不同的人文环境处理手法。整个罗浮宫的建筑所呈现的是石砌的厚重的古埃及文化风格，而如今建造了一个玻璃的金字塔作为总入口，在东南北面，还又各另设一个小金字塔，可通往不同的展览馆，它们与古典式的宫殿形成了特殊而强烈的虚实对比。并且这个金字塔是采自然光来照亮底下的整个大厅的，把整个罗浮宫下部的阴性的东西，通过金字塔释放出来，利用金字塔来接受天体的效应，匠心独具。当年建造这个金字塔时，15%的法国人表示反对，可是经过了这么多年之后，罗浮宫金字塔却成了巴黎文化的一个象征。

四、外部空间环境设计的构成要素与分析

漫步于城市的大街小巷，公园广场，人们无不感受到自己正处于环境的各种构成要素的包围之中，例如建筑、道路绿化、座椅、喷泉、雕塑、路灯、指示牌等。正是这些实体要素不同的功能、外在形态和组合方式，才得以形成的复杂而又丰富多彩的城市空间体系与人们赖以生存的外部环境。一个良好环境的形成并非单纯要素的拼凑，约翰·凯尔在他的《人类生态系统设计》一书中

以雄辩的口吻强调了这一点。他写道：“像人一样，景观极少孤立存在。每个景观都和其他所有的景观联系在一起，共同处在一个相互依存的网络之中。正如俗语所说，某种程度上，事物总是相互联系的。”

要搞好外部空间环境设计，就必须对它的构成要素进行充分了解与分析，掌握每一要素自身的特点与不同环境的内涵及其组合规律才能创造出满足人们各种需要的宜人环境。归纳起来，其构成要素主要有以下六大类。

（一）建筑

建筑既是供人们居住、工作、学习，娱乐、储藏物品或进行其他活动的空间场所，又围合并界定出形态丰富的室外空间，其外部形态作为室外空间环境景观的重要组成部分，也日益被人们所关注，它反映出一个城市乃至一个国家的文明程度、文化背景和人民的精神品质。

建筑在外部空间环境中的地位和作用不言而喻，前面章节本书已对建筑空间设计作了详细介绍，这里主要讲的是外部空间环境与其构成要素—建筑（这里主要指建筑的外部形态）之间的关系。

1.建筑实体与外部空间

建筑实体主要由一般意义的墙、柱、顶和若干构件（如门窗、栏杆、挑檐等）组成，它反映了建筑的整体形态，外部空间正是通过对建筑单体及其组合的形态设计来实现的。而实体间隙是建筑的功用空间。实体作用于空间，空间又反衬实体，二者同时形成互为影响、互为补充的统一整体。我们大致可从两个方面对其进行分析。

①建筑是影响外部空间环境格局十分重要的围合要素，它为城市外部空间环境划分了不同的领域，并使每一个空间都具有了一定的形态。空间是在设计目的前提下，考虑实体内外的空间形式。以意大利著名的圣马可广场为例，如果建筑是构成空间的实体，那么由它们围合的空间广场就是空间造型的目的，实体的立面、外形、式样、体量构成了广场空间的丰富变化。

②建筑的外在形体对外部空间具有吸纳性和排斥性，直接影响到空间关系与室间使用者的行为。吸纳性主要表现为建筑外墙体开洞的程度，如门窗、阳台的增加就会使实体的封闭性减弱，从而加强了建筑内外空间的联系，促进了阳光、风、视线的相互渗透；反之，则表现为建筑实体对外部空间的排斥性，可阻隔人们的行为和视线还有来自外界的干扰（如噪音）。

2. 视觉美感

室外空间环境的视觉美感来自它的各个构成要素之美的综合，首当其冲的要数建筑之美。美感的体验过程是人们视觉作用在对象时产生的。在人们的视野中，建筑总是处于较为"凸出"而显著的地位，并通过其外部形态特征（如外形体量、材质、色彩）所表现出来，人们通过视觉而接受这些信息并获得不同程度的认同或美感。建筑本身存在的形式特征表现为形式美，即统一与变化、节奏与韵律、比例与尺度、对比与调和等，它不仅反映出人类的情感需求，同时也反映了历史、文化、社会的深层次含义。建筑的顶部轮廓是构成天际线的重要因素之一。

3. 环境文脉

建筑的文脉是城市历史延续和发展的体现，是特定场所特定意象的传达。而建筑的外观造型正是运用符号语言作为造型要素，营造出建筑与环境及历史的整体空间意象。不少新建筑设计时就注重了文脉的表现，在形式中注入了传统文化的因子，表现出与环境的对话。著名建筑师贝聿铭设计的苏州博物馆新馆和巴黎罗浮宫扩建方案中，十分注重环境文脉与大胆创新，在体现出人文内涵的同时，与特定历史环境形成了一种新的层次的和谐。

4. 意象与象征

建筑的表现形式是体现人类情感的某种抽象，被抽象出来的形式语言又往往表达出了某种意象与象征，开拓了建筑形式新的意境和含义。这正是建筑的表现力和生命力之所在，同时也反映了建筑在外部空间场所中的意义和地位。

凯文·林奇把意象的概念运用于城市空间形态的分析与设计中，认为城市空间结构不仅要使用客观物质形象和标准，还要凭人的主观感受来判断。建筑通过形状、空间变化、尺度、色彩及外观的独特性突出了其视觉识别性，当建筑使人们对城市的空间感和归属感的体验得以增强，并对城市空间环境意象的塑造产生重要影响的时候，其象征性就会十分显著。走进世界上最大的宫殿—故宫，人们无不为它那宏大、庄严的气势所慑服，它是中国的政治中心—北京的标志，象征着中国悠久的历史和灿烂的文化。

如今，国家大剧院"鸟巢"是北京又一新的标志性建筑，它以其先进的建筑水平和独特、前卫的外形特征，向世人展示着一个充满活力的和具有开放胸怀的现代化都市形象。在一定程度上，一些有影响的建筑已成为一个国家的象征，如法国的埃菲尔铁塔、美国的帝国大厦、澳大利亚的悉尼歌剧院等。

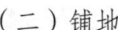

（二）铺地

铺地，即被人工铺装的地面。它泛指构成外部空间环境的底界面，包括园地街道、绿地、沙地等多种形态。而在外部空间环境设计中，它主要表现为供车辆流通、人们行走与活动的道路与场地。

1. 道路

现代城市中的道路构成了城市的通道空间，它就如同人体里的血脉，连通着城市的各个"功能器官"，它使城市得以正常运转并散发出它的活力。它以"线"为特征，有着空间的引导性与方向性，连接着一个场所与其他场所或空间。

①道路的分类。道路的分类主要从它的功能和服务对象来划分。首先是快速路（包括高速公路和高架道），专供机动车辆使用，用来联系城市地区之间和穿越城市地区的大量快速交通；其次是主干道，它用来连接城市地区之间的交通和穿越整个城市地区的交通；再次是次干道，它用来连接支路和主干道之间的交通；复次是支路，其服务于本地的交通；最后是步行道，用来连接干道，建筑与相邻的地块的交通，一般拒绝车辆进入。按这样的分类次序，道路的服务重点由车流逐渐向人流倾斜，由交通性道路逐渐向生活性道路倾斜。

②道路的形态。在外部空间环境中，道路通常呈线形延伸状态，其宽度由道路红线划定，这取决于人、车的流量。比如，主干道红线宽度一般为30～45米，次干道与支路一般为25～40米和12～15米，这一类道路往往以交通性为目的，便于人、车的快速通过，因此道路平坦且呈直线型。而在一些步行环境中却正好相反，如花园中仅60厘米宽的卵石路只能单个人通过，小区里2米宽的道路可供三口之家闲庭散步，这一类道路往往是以生活性为目的，带有休闲和情趣的味道，因此道路常呈曲线形。另外，还有既带交通性又有生活性的道路，如车行道两旁的人行道或者商业步行街一般控制在3～6米，过窄会显得拥挤，过宽又不利于行人看清对面橱窗里的商品，其入口处有明显阻止车辆进入的指示牌和路障设施，并利用有节奏的街道设施（如路灯、行道树、花坛、座椅、垃圾箱等）、地面铺装、连续的沿街檐门线等统一造型特征或者是相同高度的排列而形成空间效果的视觉统一后以营造一种浓厚的商业性与城市生活气息。

由于道路与建筑、道路与绿化、道路与河流等多层空间结构关系构成了城市道路整体的物质空间形态，因此建筑退让道路红线的部分及两侧的景观要素也是我们在设计中应当综合考虑和研究的内容。

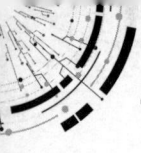

③道路的铺装。道路的铺装取决于道路的使用功能和人、车的行动特征，及选择什么样的材料作为道路的基质；反之，不同的铺装材料也会对人们的行为具有暗示作用，一般干道采用水泥混凝土和沥青铺装路面，其表面平整、色彩统一，暗示车辆快速行驶；步行道的地面常使用自然板石、防腐木、鹅卵石等材料铺装，其表面较为粗糙、色彩各异，暗示车辆勿入或是减速慢行，而步行者优先，且使步行空间更有情趣感与亲和感。另外，一些专用道的铺装也有较明显的区分，如盲人专用道就铺装了带凹凸条纹的有色地砖，既方便了盲人触探与识别道路，又暗示他人盲道位置不能占用。

道路铺装材料的选用影响因素较多，其中包括了安全性、经济性、景观性、耐久性、维护性、生态性等因素。

2. 场地

场地通常是指由建筑物、道路或绿地等围合而成的开敞空间的"面"状基面，是人们在外部环境中休息、聚集，进行各种活动的场所。其中有相对开阔、自由的城市公共广场（如天安门广场），有尺度较小、较为封闭的住宅庭院，也有像游乐场、停车场等专用性场地，它们是构成外部空间环境最重要的元素之一。

（1）场地的分类

从城市的结构特征和功能分布情况进行分析，场地大致可分为两类场地，即城市公共广场和区域内部场地。

①城市公共广场。城市公共广场被喻为城市的"客厅"，容纳着市民及游客各式各样的交往活动，是城市公共社会活动的中心，是集中反映城市历史文化和都市文明的最具艺术魅力的开放空间。

最初，由于宗教政治的关系，广场是举行宗教仪式的场所，被作为权贵的象征。随着时代的变迁，人们的生活水平和生活方式的改变，各种功能的广场应运而生。广场上可组织集会、供交通集散、供人们休闲娱乐、组织商业贸易和文化交流等活动。因此，广场按照其性质、用途，又可分为休闲广场、市政广场、商业广场、交通广场、纪念广场、宗教广场等不同主题的广场。

②区域内部场地。区域内部场地是指半私密性空间和半公共性空间的区域范畴内的场地，例如住宅小区、工厂、学校等环境区域内，包括被建筑或墙体围合的庭院中"面"状的活动场地。其实，它就像城市广场的缩影，都与建筑及其周围地块、交通相关联，但更多的是与本区域相配套的专用性场地，如入口小型广场、游乐场、健身场、运动场、停车场等。这些专用性活动场地需

要设计师对区域规模、性质及特定的人群和活动进行详细研究以后才能进行深入、细致地设计。

（2）场地的形态

在外部空间环境中，场地呈"面"状，有较明显的轮廓和形状，一般由两种基本的方式形成。一种是在对城市或区域的规划设计中形成，且易于产生较规整形态的场地；另一种是在既存的建筑、道路和自然条件下形成，其形态往往不规整。

规整的场地有利于地下管线铺设，也便于工程施工，因此在许多城市中，特是处于城市轴线上的大型广场，就常采用规整布局。其形式较为对称，气势宏大，具有秩序感、整体感较好的特点，但容易出现过于平面与简单的布局，且功能较少，参与性、亲和力不够，就会降低其使用率；反之，分区细腻、层次丰富、功能多样的广场空间就会受到人们的喜爱。设计时可以通过在直线中加入曲线因子、在规整中加入自由元素，让平面型向垂直型转化、让单一功能向复合功能转化。

对于不规整的场地，虽然多为自由型布局，但要尽量避免给人以琐碎、杂乱的感觉，这样也不利于使用与铺装。设计中要考虑加入较规整和统一的设计元素，如直线形路径、树木列植、规则的地面铺装等，以寻求一种丰富的、动态的和使用方便的空间感受。

场地的形态离不开建筑和道路的影响，在一定程度上，建筑和道路的形态决定了场地的形态，如场地的形状尺度、肌理、风格、功能，包括人们进入场地的方式和空间感受都会受到较大影响。因此，设计时应注意场地、建筑和道路的关系。

（3）场地的铺装

场地的铺装是室外空间环境设计的一项重要内容。设计时，既要注重视觉感的考虑，又要兼顾触觉感的考虑；既要注重功能性的考虑，又要兼顾经济性、安全性的考虑。

在较大尺度的场地（如城市广场）中，一般会大面积拼装陶制彩色广场砖与自然板石，以确定整个场地的基调，加强整体感，减少因材料的不规则切割带来的额外工程量，节省成本。铺设图案与整体的色彩使大片平淡的场地变得生动起来，体现了一定的文化与艺术气息，也能对周边建筑、小品，绿化等起到衬托作用。而在一些相对较小的专用性活动场地的铺装因功能不同而显得灵活多样，更趋向注重"脚感"和趣味。例如，在运动场、儿童游乐场，常常铺

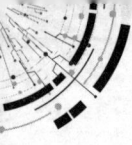

装色彩鲜艳、质地较软的塑胶和软垫，也有少量用到沙砾，这样既舒适又安全。而停车场上常见的植草砖，既能支承车辆，又能增加绿地面积，效果极佳。

特色化的场地铺装会给人以强烈的视觉感受，也为环境增添了亮点，有时还会产生戏剧性效果，展示出空间环境的特殊表情。一般人们会通过对不同材质的形状色彩，肌理反差，运用夸张，错位、特异的艺术手法，营造出一种特定的场景气氛。

（三）绿化

绿化是外部空间环境中不可或缺的重要构成要素，影响着人们的生存质量。在被水泥"森林"所占据的现代都市里，人们对绿色空间的追求俨然成为一种生命的本能，俗话说"庭院无石不奇，无花木则无生气"。绿化除了美化环境陶冶性情的作用以外，还具有净化空气、降低噪音、调节气候、防御灾害等生态功能。

绿化的主体是植物，常用绿化植物按植株大小可分为木本、藤本，草花三种类型。不同种类的植物有其相对固定的形态，从观赏性的角度看，植物类型有赏花的、赏叶的、赏枝的、赏香的等。只有将各种不同形态特征、不同栽培要求的植物，再配以花坛、栅栏、棚架等一些维护设施和景观小品，根据空间环境的实际情况，通过艺术的处理手法，才能创造出宜人的绿色空间环境。以下着重介绍绿化中植物的种类及空间配植的特点。

1. 木本植物

木本植物主要包括乔木和灌木，有常绿型和落叶型两种。它们在植物中体形较大、品种繁多、用途广泛，是构成绿化中的骨架并占主导地位的植物类型。

乔木树形较为高大，一般都能长到 3 米以上，有的可达到二三十米，常用做行道树、景观树，如在街道、河岸的两旁列植香樟、梧桐、垂柳，在公园、学校里的草坪上种植银杏、榕树，可以起到划分和引导空间、观赏和林阴的作用。

灌木是矮丛植物，可长到 1～3 米，易于修剪，色彩丰富，常用丛植的方式构成各种体块和图案，如杜鹃、月季、蜡梅、丁香、紫薇、牡丹、迎春等灌木都具有艳丽的花色，并常与高大的乔木和低平的草地搭配，构造出不同的绿化层次。

2. 藤本植物

藤本植物具有匍匐茎枝，擅长缠绕与攀爬，并依靠棚架、墙体等构筑物形成各种绿化造型。其具有占地面积小、绿视率高，可塑性强的优点，使它成为垂直绿化的理想花木类型，常见的有爬山虎、牵牛花葡萄，常春藤等。

3. 草花植物

草花植物在绿化中一般是指低矮丛生的草坪地被植物和花卉。草坪地被植物具有繁殖能力强、耐修剪的特性，可供人们休憩和观赏，还有吸热、防尘、保护土壤等功效，是一种特殊的、柔软的铺地材料，常用于林缘绿化、固土护坡，如二月蓝、地毯草、结缕草等。

花卉种类繁多，有宿根花卉，如菊花、芍药；有球根花卉，如郁金香、葱兰；有水生花卉，如荷花、睡莲，等等。它们常被丛植于庭院、花坛之中，具有较高的观赏价值，给人以繁花似锦、生机盎然的景象。

（四）水体

水是生命之源，人天生就具有亲水性。水体是外部空间环境中的特殊基面，也是其重要的造景元素，是最能引人入胜的景观之一。自然界中常见的水体有江河湖海。而人工水体景观在现代城市环境中更是得到了广泛运用，成为人与自然的情节纽带，其主要有以下几种表现形式。

1. 水池

水池是最常见的人工水体景观，常被设置在人流较为集中的城市广场、步行街、建筑外围等处的显著位置，其设计精美、耐人寻味。根据水面形态不同水池可分为静水池和动水池。静水池以平静的水面为特征，其造景要么凸出带几图形的轮廓线，要么以其诗情画意的镜面倒影效果，突出建筑、雕塑、假山、树木的优美造型，营造一种和谐环境的空间意境；动水池是指带有喷泉、瀑布、跌水的水池，常常会成为空间的焦点，是人们驻足观赏、休憩游玩的最具亲和力的环境景观，深受大众喜爱。

2. 溪流

人工溪流是模仿自然溪流因地势的落差而形成的线型水体景观，水源可引自山泉水或由循环水供给，通常配以小桥、小瀑布、淌水卵石和植被，给人以清新自然的空间感受与体验，多用于城市生态广场、公园和高档住宅小区等较大型的空间场所。

3. 河湖

作为人工开凿的较大尺度的开放性水体形式，河湖兼具了安防、景观和生态等多种功能。河湖一般是将自然河流扩大或是在洼地、山谷中修筑堤坝而形成，如都江堰、京杭大运河、杭州的西湖等都是早期著名的人工河湖，而今的河湖已是人们在喧嚣的城市中寻找宁静、回归自然的地方，人们在此健身、歌舞、泛舟、垂钓，乐在其中。

（五）景观小品

特色化的室间环境需要特色化的艺术表现形式去装点，并渲染出不同主题、不同场所意义的空间气氛。景观小品在这方面扮演着举足轻重的角色。

景观小品泛指雕塑、花坛、座椅、街灯、垃圾箱、指示牌等种类繁多的装饰物，这里主要介绍雕塑和景观构筑物，其鲜明的艺术形态会使空间环境更具活力、感染力与识别性。

雕塑不仅本身具备在造型、色彩、体量等方面的艺术观赏性，还具有纪念教育等较强的思想性。雕塑的种类颇多，从材料上可分为石、铁、铜、钢、玻璃钢、混凝土等；从表现手法上可分为写实型和抽象型；从空间运用上可分为独立型和系列型。独立型雕塑往往具有凝聚空间场所的焦点作用，常被精心设计并放置在各种场所的入口或中心等关键部位，结合绿化、水体、灯光，更能增强特定场所的主题性与吸引力。系列型雕塑在空间环境中呈散点式分布，它对烘托整体环境气氛有着十分显著的作用，常见的形式有作为建筑外墙装饰的雕塑（一般以浮雕形式出现）和分布于街道、公园、校园等环境中成系列的主题雕塑，它们使场所气氛得到了充分体现。

景观构筑物是指由砖、石、木、钢、张拉膜、混凝土等材料构筑而成的具有一定雕塑特征和承载力的景观实体，在空间环境中起到增强场所空间感与层次感的作用，常与绿化、水体相结合，如景观性墙、柱、亭、台、棚架等。

（六）环境设施

人们对外部空间环境品质的衡量主要看它在美观，实用、方便、安全等方面的优劣表现，除了前面讲到的主体环境构成要素以外，环境设施也是一个重要的影响因素。这些环境设施的造型、色彩、材质、位置、数量都会直接影响到空间环境的整体效果，其设计往往注重以人性化为原则，涉及美学，人体工程学等学科领域，从而与空间环境建立起有机和谐的整体关系。

1. 游憩设施

游憩设施是供人们休息，观景对弈、游乐时必不可少的服务设施，能满足人在室外活动最基本的需求。

典型的游憩、设施有休闲座椅、坐凳，它们被广泛运用于外部空间环境的各类大小步行场所，是流动空间中相对静止和独立的区域，常以矮墙、栏杆、花坛、绿化带为背景，面向较为开放的通道、场地和优美的风景。设计时应考虑其与场所性质、规模、人流量相适应的风格、方位、数量，并注意选用不易损坏、易施工的材料，还要具备良好的视觉效果。除此之外，还有供人们健身、游乐的器械和设施，如传统的秋千、跷跷板和现代的组合式游乐设施。它们常被设置于住宅区、学校、广场、公园中的儿童游乐场和健身点。设计时应考虑不同年龄使用者的生理和心理特点，使娱乐趣味性和安全性并重，其建造材料应尽可能地选用塑料、木料、麻绳之类的软质材料，造型活跃，色彩较为鲜艳的地面可选用塑胶软垫，耐踩踏的草坪、细沙等材料铺装。

2. 信息

对于生活在现代都市里的人们来说，信息设施几乎无处不在，传达信息的方式和媒介也各有不同，主要有以下三种类型。

一种是通过文字、图画、符号等视觉形式传达信息，如道路指示牌、红绿灯、户外广告、大型电子显示屏、钟塔等信息设施，其形式多样，信息量大、直观而易于理解，在城市空间环境中扮演着重要的角色。

一种是通过扬声器传达信息，一般在公园、广场和校园里比较常见，它为在外部空间活动的人们提供了良好的听觉环境，信息内容主要是背景音乐和广播。扬声器通常被隐蔽设置在与整体环境相适应的造型外壳里，有时像动物，有时像石头，有时是坐凳。

还有一种是能供人们与外界信息交流使用的邮筒、公共电话亭等，它们是最常见的环境设施之一。邮筒是人们传递信息较为传统的方式，形式上主要分立式和壁挂式两种；色彩上根据各国的邮政色彩而定（如中国采用绿色、日本采用红色等）；用材上基本以铁质居多；造型上要与城市的环境风貌相适应。电话亭常见形式主要分为封闭式和开敞式两种。封闭式电话亭具有较好的私密性和隔音效果，受外界干扰较小，其一般高为 2 ～ 2.4 米，长、宽为 0.8 米 × 0.8 米～ 1.4 米 ×1.4 米，其通常采用金属框架与玻璃材料，外涂有色漆，外观通透简洁、现代感强，并易于识别。开敞式电话亭外形小巧，尺寸一般高在 2 米左右，深为 0.5 ～ 0.9 米，通常采用金属木质构架与有机玻璃材料，其外形设计随着空间场所性质、风格、使用者的差异而不同。

3. 卫生设施

外部空间环境中的卫生设施是体现整个城市或地区的生活环境质量及文明

程度的重要条件。在公共环境中常见的一些卫生设施，如垃圾箱，烟蒂箱、洗手器、公共厕所等，这些设施的设计多采用不锈钢、玻璃钢、石材，陶瓷器、混凝土等较坚固的材料，注重人体尺度、环保，且易于识别、使用方便，特别是对于小孩、残疾人的人性化考虑。

4. 照明设施

照明设施的主要目的是为了营造出外部空间的光环境，设计时需要注意不同的照明环境和对象对照明方式及其设施设计具有不同的要求。有的照明注重功能性，如街道灯、公共场出入口的标志灯、公共建筑及周围台阶和坡道处的照明灯、应急灯，它们可以起到引导和划分空间的作用；有从美学角度考虑的照明，如雕塑、示范性花木、喷泉建筑及其细部采用的泛光灯和聚光灯进行重点照明。

5. 交通设施

交通方面有为保障人们行路安全、方便，为人提供休息、等候，观景等服务的设施，如公交站台、人行天桥、架空散步道、栈道、自行车棚架、路障、护栏等都属于交通设施。以公交站台为例，它是城市交通系统的节点，是为公共汽车停靠和乘客上下车提供短暂停留的场所。一个较标准的公交站台包括站牌、坐具、雨棚、垃圾箱、路线图表以及灯箱广告等设施内容，长度一般不大于 1.5～2 倍标准车长，宽度不小于 1.2 米；常采用不锈钢、铝材、有机玻璃和钢化玻璃等不易损坏易清洁的材料；外观造型上简洁、现代感强，以与周围环境相协调为宜。

6. 其他设施

其他设施主要是与建筑及环境配套的各种构筑物和设备，包括救险设施中的消防栓，消防泵及排气和排水等用途的管网、管架、塔架，还有外置电机设备和支承基础。

第七章　环境艺术设计中生态美学的应用

随着人类社会的不断发展，人类社会的生产力有了极大提高，在经济上取得了巨大发展。但是，现代化的进程也对环境造成了极大破坏，严重威胁着人类的生存。因此，近年来，人们的生态观念也越来越强，生态美学逐渐发展起来，并对环境艺术设计产生了深刻影响。

第一节　生态美学释义

一、生态与生态文明的概念与发展

（一）生态与生态文明概念的提出

要了解生态美学，我们首先就应该对生态的相关概念有所了解。其中，"生态学"一词，最早是由 19 世纪德国著名博物学家海克尔提出的。海克尔于 1866 年出版了著作《自然创造史》，他在该书中首先提出了"生态学"的概念。在此之后，丹麦植物学家瓦尔明于 1895 年出版了《以植物生态地理学为基础的植物分布学》一书，该书首先以德文出版，后来在 1909 年，被译成英文，经过英译后，其书名也被改为《植物生态学》。瓦尔明的这部著作在出版之后，在世界范围内都得到了广泛传播，可以说它是生态学领域的一部划时代的著作，其影响一直持续至今。在瓦尔明理论的影响下，英国生态学家斯坦利于 1935 年首次提出了生态系统的概念。由于这一概念的提出受到了瓦尔明的影响，因此对于生态系统的概念来说，植物学是其重要的来源。但是，其又有不同于植物学之处。在生态系统的概念中，斯坦利提出了"生命共同体"的理念，这一共同体既包括植物，也包括动物，还包括各种地理环境。可以说，这一概念的提出，更新了人们对于生存和所依赖的自然生态的认识，使人们的认识更加深入、科学和全面。

从地球自然生态的角度来说，根据相关考证，在距今 1 万年前，地球最近的一次冰期——第四纪冰期结束。此后，地球的陆地、海洋、降水、气温、动

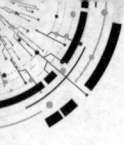

植物物种等都没有发生过质的变化，可以说，地球的自然生态系统长时间保持着稳定。因此，设计师可以将1万年前地球的自然生态认为是"原生态"，现代社会生态环境的保护与修复，都可以以这一"原生态"为标准和依据。

目前，人类的人口数量已经接近80亿，也就相当于每平方米的陆地面积的人数已经超过了50人，如果再去掉沙漠等不适宜人类居住的土地，这一数量还会更大。因此，在庞大的人口数量下，人类活动对自然生态系统带来了巨大的影响和改变，并且要想将自然生态系统恢复到"原生态"也是不可能的。但是，经过科学考证的地球自然生态环境的"原生态"，可以作为人类保护和修复自然生态的重要参照。

对于文明这一概念，世界各国有着不同的表达和解释。例如，在中文中，"文明"一词，其含义主要指文化，进一步来说，文化又包括文学、艺术、科学、教育等。针对人来说，我们可以将其理解为人对语言和知识的运用能力。

在英文中，文明用"Civilization"一词表示。其中，词根"Civi"的含义为"公民的"。因此，"Civilization"一词的含义可以理解为人经过教育后由蒙昧实现开化，成为"文雅""礼貌"的人。

人们通过对不同语言下关于"文明"一词的含义和分析可以发现，文明主要指的是公民掌握一定的文化知识，明白一定的道理，能够在行为上遵守社会规范。生态环境是全世界所共同关注的，尤其是随着生产力发展、人口增长等带来的对自然资源的大量消耗和对生态环境的严重破坏，这使人们的生存环境也遭到了巨大的威胁，生态环境已成为引发世界危机的重要根源之一。因此，自20世纪50年代以来，人们也开始反思与自然的关系，树立了生态文明的观念，开始重视对自然资源和生态环境的保护，并为此做出了一系列实践。

（二）人类文明的发展历程

1.农业文明阶段

虽然在人类几千年的历史中，科学技术一直都在发展，生产工具也在不断得到改进。但是，人类科学技术发展和生产力大幅提高，还是从工业革命开始的。在工业革命之前，世界上大多数地区在生产上依然使用着几千年前就已经使用的工具，如农业生产依然使用犁、锄；手工业生产依然使用刀、斧；交通运输依然使用马车、木船。这些工具的机械化程度极低，生产力主要取决于劳动者的体力，人类的智力对于生产率来说作用较小。有统计发现，在低机械化程度下的劳动中，体力支出与智力支出的比例约为9：1。

由于生产力主要依靠体力劳动，机械化水平不高。因此，在农业文明阶段，广大的人民群众的生活也是较为困难的，一旦遭遇自然灾害或者出现经济危机，人们连生活的基本条件都难以得到保证。并且，在农业文明阶段，教育的发展也较为缓慢，教育的普及程度不高，大量的劳动者掌握的文化知识程度很低，文化只在少数人中间流动。

2. 工业文明阶段

到了 18 世纪后，伴随着工业革命，人类社会进入了工业文明时代。在科学技术的推动下，人们的生产实现了由"工场"向"工厂"的转变。对于工厂的创办、生产与经营来说，经营者需要掌握一定的科学知识，如力学、电学等。工业文明下的工厂主要具有以下几方面的特点。

①土地需满足工场生产所需的基本条件。

②集中了大量的资金与劳动力，从事专门性的生产工作。

③以机器代替人力。

④使用以煤为主的新能源，使用以钢为主的新材料。

⑤在运输上开始使用机动车、汽船等新型运输方式。

⑥资本对生产的影响和作用越来越大。

⑦大量农民成为工厂的雇佣工，开始进入工厂工作。

资金、人力、设备等的集中，还有大量农民涌入工厂，带来了城市的形成与扩张，即工业化和城市化，发展出了新的工业文明。

然而在工业文明阶段，工业的不断发展也带来了一些消极影响，这些消极影响具体如下。

①工厂虽然使劳动效率得到了提高，但是由于工厂组织形式的限制及资本在生产中的巨大作用，人在生产中的创造性遭到限制。因此，从本质上来说，工厂是以利润为本而不是以人为本的。

②机械化的生产模式与严格、细致的分工，导致了科学研究与经济生产之间的分离。这也导致了由科学创新到技术创新和产业创新周期的延长。

③工厂的生产需要从自然界获取大量的原料，由于工业文明处于初期阶段，工厂的生产较为粗放，再加上工厂对生产废物随意排放，使得其在一定程度上违背了自然循环规律，对自然环境造成了严重破坏，严重影响了生态环境。

④工厂在对自然环境造成破坏的同时，工人所处的劳动环境也较为恶劣，对工人的身体健康也造成了一定的影响。

⑤工厂吸引了大量的农民进入工厂工作，这也带来了一定的城市问题。

⑥工厂生产在收入的分配上存在着一定的不公平，这也造成了较为悬殊的贫富差距，从而形成了不同的阶层。

随着工业文明的不断发展，这些问题所带来的弊端也日益凸显，尤其是在第二次世界大战后，西方各发达国家开始通过建设各种形式的"园区"来解决工厂存在的一系列问题，以求实现向生态文明的过渡。

3. 生态文明

随着工业文明中各种问题的凸显，还有工业生产对资源的大量消耗和对生态环境的严重破坏，已经使人类的生存与发展受到了严重威胁。人类已经意识到了生态环境的重要性。21 世纪，人类正在迈入生态文明的发展阶段。

具体来说，人们所追求的生态文明就是在经济上实现以智力资源推动经济发展，也就是人们常说的科学技术是第一生产力。

同样都是以科学技术为重要的生产力，与工业文明的生产相比，以智力资源为主的知识经济在以下几方面都表现出了本质性不同。

①从生产力上来说，工业文明中的劳动力与劳动工具等要素主要地位在生态文明阶段已经被科学技术所取代。

②从技术结构上来说，工业文明时代下科学与技术是分离的，这也是工业文明的一个弊端所在。而在生态文明阶段，科学与技术的联系日益紧密，高新技术产业也成了现代社会经济发展的重要推动力。

③从分配上来说，工业文明中按照掌握的生产资料与自然资源进行分配的方式已经发生了改变。生态文明阶段的分配主要依据的是人们所创造的价值的大小，这一点在高新技术产业中尤为明显。

④从市场上来说，进入生态文明阶段，传统的市场观念也发生了新的变化。随着科学技术成为促进经济发展最主要的因素，生态文明阶段就更加强调宏观导向作用。如果宏观导向出现问题，不仅会对知识经济发展造成阻碍，甚至还会引发资源经济时代为了资源而发动战争的问题，给人类社会带来巨大灾难。此外，科学技术的快速发展也使市场环境变化越来越快，传统的静态市场观念也必须朝着动态观念转变。

综合来说，人类经济发展，其原因归根到底还是人类文明的发展。在人类文明的发展下，教育的普及程度逐渐提高，人们所掌握的知识水平也越来越高，人类社会不断涌现出各类人才。尤其是随着科学不断发展，现代人才越来越朝着复合化方向发展，这也为人类与自然的和谐发展带来了积极影响。一方面，随着科学技术发展，人们对于人与自然关系的认识也越来越科学；另一方面，复合型人才的不断发展，也能够通过各学科结合，为人类与自然的和谐相处提供可行的建议与策略。

二、生态美学的概念

（一）生态美学的产生背景

自工业革命以来，科学技术的快速发展使人类社会的生产力有了极大提高，工业发展极大地推动了人类社会的现代化进程，人们的物质资料越来越丰富，生产生活方式发生了极大改变，生活水平也日益提高，人类的工业文明得到了极大发展。然而，虽然工业文明给人类社会的发展带来了不少的积极影响，但是其本身也存在着一定缺陷，这些固有缺陷的存在导致了工业文明存在盲目追求经济效益与工具理性统治等问题，这些问题则带来了世界间巨大的贫富差距及人与自然间的巨大矛盾。尤其是在进入 20 世纪之后，工业生产不断发展，使资本主义发展到了帝国主义，并由于各国间的利益争夺，导致了两次世界大战，给人类社会带来了巨大的灾难。尤其是在第二次世界大战中，原子弹的使用所造成的毁灭性后果给人类带来了极大震动，使人们认识到科技发展也有造成人类世界毁灭的可能。此外，除了工业生产，为了促进农业生产的发展，人们还发明了农药、化肥等，而农药与化肥滥用，也对生态环境造成了严重污染。

自然环境的污染问题，在 20 世纪 70 年代得到了集中的体现。绿色植被锐减，生物物种加速灭绝，生态平衡亮起红灯；大气污染、水污染、噪声污染等环境污染加重；淡水资源短缺、能源危机、耕地衰竭、可用土壤严重匮乏等；臭氧层被破坏，沙尘暴袭击；人口增长率居高不下，人口老龄化，人口膨胀的危害加剧；核战争的幽灵在游荡；癌症、艾滋病、肥胖、心血管疾病、精神性疾病等现代病的滋生与蔓延。这些问题的存在都是对人类生存与发展继续下去的严重威胁，面对这些问题，人类也走到了发展的十字路口。这就要求人们必须对科学技术、现代化及人与自然的关系进行深入思考，尤其是要认识到现代化过程中造成的问题与存在的弊端，意识到这些问题对人类生存与发展的严重威胁，从而采取针对性的措施解决这些问题。而生态美学正是在人类解决生态与生存发展问题的需求下，为解决这一问题而发展出的一种新的观念与哲学。

人类在反思现代化的过程中，产生了后现代主义思潮。所谓的后现代主义思潮分为两种，一种是对人类现代性进行批判、否定和结构的后现代主义；一种是对现代性进行修正和超越的建构性后现代主义。而后一种后现代主义则是前一种后现代主义的发展，它既继承了前一种后现代主义的优点，又克服了其

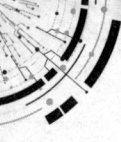

缺点，其提倡建立一种新的经济与文化形态，以实现对现代性的超越。后现代主义是从对人类现代性的批判发展而来的，它所追求的新的经济与文化形态在经济上就是要实现知识与科技对经济发展的主导，在文化上就是要求以科技理性为指导，追求平衡协调的生态精神。因此，后现代主义思潮与生态美学存在着不少共同之处，对生态美学的产生与发展起到了重要的推动作用。

（二）生态美学的内涵

生态美学即生态学与美学的结合，其以人与自然之间的审美关系为研究对象，也就是从生态的角度研究美学问题，并将生态学中的理论与观点借鉴和应用到美学研究中。生态学与美学的结合使美学的理论形态得到了创新，形成了一门新的学科，其也是美学中的一个重要分支。关于生态美学的内涵，我国的不少学者都提出了自己的观点，以下是几种较有代表性的观点。

徐恒醇先生主要是从生态美学对生活的价值这一方面论述生态美学的。他认为，所谓的生态美是在主体的参与及其对环境的依存中取得的。对于生态美来说，主体的生态审美观是生态美产生的重要条件。如果主体缺少对生态审美的需要及生态审美的活动，生态美也就不存在了，而在主体的审美观、审美需要及审美活动下所实现的内外和谐的统一，即是生态美。这种关于生态美学的观点，具有一定的生活论特征。

曾永成先生以马克思的生成本体论的人本生态观为理论基础对生态美学进行了论述。他认为自然向人生成是生态美学的根本规律和审美尺度，人们可以从对生命活动的节律感应中找到审美活动的生态本源，生态审美即是从生态的进化与人性的生成两个方面对审美进行的本体性定位，并且揭示出生态美对于人性生成所起的作用。

袁鼎生先生则提出了关于生态美学的"生态审美场"理论。他将"生态审美场"作为生态美学的元范畴，同时他也十分重视在美学研究中使用生态方法的重要意义。他将科学审美理解为生态审美的中介，并提出了由"天性""天态""天构""天化"构成的生态美学体系。

曾繁仁先生将生态美学的内涵解释为在后现代语境下，以新的生态世界观为指导，从对人与自然的审美关系的研究出发，在研究过程中涉及人与社会及人与自身等多种审美关系，最后将研究的重点落到人类在当下与自然之间的非美的状态，并改变这种非美的状态，建立起一种美的状态，也就是符合生态规律的、人与自然和社会的和谐状态的一种美学观点。曾繁仁先生的这一论述具有一定的存在论特点。

除了上述代表性观点之外，我国学术界对于生态美学的讨论也一直都在进行，不断有新的角度与观点提出，使我们对于生态美学的理解不断完善和加深。

结合我国学术界对于生态美学的理解，我们可以将生态美学的内涵理解为，以生态哲学为视野，以生态科学为原理，以生态伦理学为指导，以自然美学为研究方法对人与自然、社会等其他关系的审美研究。生态美学所追求的美是一种协调、平衡、和谐的整体美。

三、生态美学与现代社会的可持续发展

（一）现代社会可持续发展观念引入

人类对世界的认识主要是通过各种知识实现的，而人类的知识水平，也影响着人类经济与社会的发展。在农业文明时代，人类所获取和掌握的自然知识相当有限，因此对于自然的认识与理解也是神秘化的，人类的农业生产、收成等在人类的劳动基础之上，但更取决于自然条件，如土地的肥沃程度、灌溉条件、是否有自然灾害等。

在农业文明阶段，人们为了进行耕种等农业活动，也需要对植被进行一定破坏，但是其在比例上来说是极小的。同时，由于科学技术限制，在农业文明阶段，人们还没有发明农药、化肥等，对作物施用的主要是有机肥，基本没有对食物链造成破坏。因此，在农业文明时代，虽然从整体上来说人类对自然环境也有所破坏，但是其程度较低，远未达到引发全球性环境问题的程度，所以人类与自然环境也保持着和谐共处。

自工业革命之后，随着科学技术发展及生产力提高，人类在与自然的关系上也发生了变化。自然科学的不断发展，提高了人们对自然的认识，使人们改变了过去对自然的神秘化认识，生产力提高使人们对自然的改造能力增强，因此人们在思想上逐渐形成了"主宰自然"的思想，同时在工业文明时代，追求利益的最大化成为生产最主要的追求，所以在这些思想的引导下，人类对自然进行大规模开发，对自然的肆意掠夺使得自然环境和生态平衡遭到了严重破坏。对利益的追求造成了人们的短视，而直到环境问题严重到威胁了人类的生存与发展时，人们才开始重视保护生态环境，并开始重新探讨人类发展的方向问题。

在 20 世纪末期，人们对人类的发展问题进行了深入研究，如罗马俱乐部对人类增长极限问题的研究、世界环境与发展委员会对未来可持续发展的设想等。同时，随着人类对于环境关系的重新认识，人们开始寻求新的经济形势，知识经济的产生与发展，为人类可持续发展提供了一条可行的途径。

对于人类社会的发展来说，经济是重要的基础。因此，可持续发展这一概念从产生之初就不仅仅是一个经济发展概念，尤其是随着这一概念被越来越多的人所接受并奉为行为准则，其也逐渐向科学、文化等领域渗透，成为一个全方位的概念。

（二）我国现代社会的生态文明建设

我国现代社会的建设与发展也十分重视生态文明问题，并且针对生态文明的建设提出了以下五个方面的原则。

1. 创新

生态文明建设的本身就是对18世纪以来延续至今的传统工业经济的创新，以生态科学为指导重新认识人与自然的关系。我们生存的地球存在着的重大生态危机是人类社会发展面临的几大危机之一，人们应认识、重视并力求改变资源短缺、环境污染和生态退化的现状。生态文明是一大理念创新，也是理论创新。生态概念早已有之，文明概念古已有之，但生态与文明相结合产生的"生态文明"理念又是一大理论创新。我国提出的生态文明理论把人类的文明、经济和生态三大理念联系起来，融合构成系统应用于发展，是对可持续发展理念的大提升。"可持续发展"是个很好的目标，但如何实现呢？这个问题在国际上尚未解决。只有"文明发展"是不够的，只有"经济发展"是不够的，只有"生态保护与发展"也是不够的，必须使三者构成一个有机结合的系统，这就是"生态文明建设"。

2. 协调

"生态文明建设"不仅是我国的总体战略，也是世界的发展前途，因此我们要从全球化的观点来看问题。生态文明建设包含有文明、经济和生态三大要素，分别构成了三大子系统，按系统论的观点这三个子系统内部都存在不断需要协调（或者说动平衡）的问题。

（1）文明子系统的协调

人类历史形成了不同文明，其主要可以归纳为东西方两大文明，生态文明建设不是要比较这两大文明的优劣，而是要使这两大文明求同存异、交融、互利，最终达到协调。

在西方文明中又可以分为日耳曼文明、拉丁文明和斯拉夫等文明，也同样存在求同存异、交融、互利最终达到协调的问题，而不是以冲突和战争解决分歧与矛盾。经过千年历史，屡经战乱的欧洲建立了欧洲联盟，就说明了协调的可能性与现实性。

东方文明中又可以分为儒学文明、佛教文明、伊斯兰文明和印度教文明等，也同样存在上述问题，也完全具备通过协调来解决问题的条件。

（2）生态系统的协调

生态系统同样存在通过调节和再组织来实现协调的问题，中国自古就有"风调雨顺""草肥水美"的认识，说的就是协调。自然界为生态系统提供了水、空气和阳光三大要素。水不能太多，多了就是洪灾；也不能太少，少了就是旱灾。这些天灾都在地球上存在，但都是肆虐一时，最终都能达到协调平衡，使生命和人类可以持续存在。

自然又分为陆地和海洋两大系统，其中陆地又分为淡水、森林、草原、荒漠、沙漠和冻土等各大系统。由于降水和气温的变化，这些系统也发生矛盾而且互相转化，这些转化都是动平衡的体现，而它们最终也会达到协调。森林不可能无限发展，沙漠也不可能无穷扩张。

（3）经济发展的协调

投资、消费和出口之间要达成和谐的比例，哪个要素过高了都是不协调。例如，第一、第二、第三产业之间的协调，在大力发展服务业的同时，也不能削弱农业，同时要保持第二产业的一定比例。

3. 绿色

"青山绿水"是我国自古以来的追求。在农业经济时代河湖附近的植被很好，落叶使水变成浅绿色。由于水土保持好，土壤也吸融落叶，使之不会过多而使水过绿。由于河水流量很大，自净能力很强，因此那时水不会富营养化，从而不会过绿。因此，今天富营养化的、过绿的水并不是好水。

"绿"并不是生态系统好的唯一标志，自然生态系统是一个生命共同体，它还包括昆虫、鱼类、走兽和鸟类等其他动物，而且也要考虑水资源的支撑能力，不是越绿越好。同时，如果只是单一树种的人工密植造林，没有乔灌草的森林系统，没有林中动物，绿是暂时绿了，但不是好的生态系统，而且难以持续。

近20万年以来地球就是一个多样的生态系统，包括草原、荒漠、沙漠、冻土、冰川和冰原，如果盲目要地球都变绿，既不必要，也不可能。就是在温带平原，森林覆盖率在25%～35%（从北到南逐渐增加）就已经能满足生态需要了。

4. 开放

地球在宇宙中是个相对孤立和封闭的系统，但地球也从太阳获得生命存在所必要的能量，不是绝对封闭的。

地球中的各个自然子系统之间，更是相互开放的系统。土壤、森林、草原、河湖、湿地、荒漠、沙漠、冻土、冰川和冰原等各系统之间都相互开放的，它们之间会进行信息、能量和水量的交换，还有范围转化，使这些系统可以自我调节，达到自身的动平衡，从而实现可持续发展。

例如当降雨过多，水就渗入地下水层，在旱年供植物吸收和人类抽取，构成了土壤、森林、河湖、湿地和人类社会系统各开放系统之间的水交换，从而达到了各系统之间的水平衡，或者叫"水协调"。

5. 共享

生态系统的基本原理是食物链，所谓食物链就是在链上的生物以各自不同的方式共享。

从生态文明建设来看，共享至少有以下三方面的含义。

①在一个子系统内，自然生态和商品财富都应该共享，即某个人不能占有过多的资源，也不应拥有过多的商品财富。例如，在法国，原则上规定不管在公务系列还是私营企业，最高薪的实际收入一般不能超过最低薪实际收入的 6 倍，靠纳税来调节，这才能"文明"共享。

②地域的含义，即国与国之间也不应贫富悬殊。在地球这个大系统中人类应该共享文明果实，高收入国家有义务帮助低收入国家；各国应对温室效应应该遵循"共同而有差别的责任"的原则，在 2020 年以前，高收入国家应向低收入国家提供 1 000 亿元温室气体减排的援助。

同时，减排的生态维系成果又是全球各国包括高低收入国家共享的。

③代际共享。生态文明的根本目的是实现可持续发展，而可持续发展的基本概念就是"当代人要给后代留下不少于自己的可利用资源"，即代际共享原则，这也是生态文明的原则。

第二节 生态美学在环境艺术设计中的应用

一、生态美学在我国新农村生态社区规划中的实践

（一）村庄的发展与总体规划布局

对于我国新农村建设规划来说，在明确规划期的布局的同时，还应该考虑到村庄未来的发展问题，如未来发展的方向、方式等。具体来说，规划的主要

内容包括生产区域、居住区域、公共区域、交通运输系统等。对于某些村庄来说，其由于在资源或交通等方面具有一定优势，因此经济发展较快，在规划期内即达到了规划规模，因此其就需要对村庄建设进行重新布局和规划。此外，还有些村庄在规划时，对自身的发展考虑不足，因此就会使村庄的规划在发展实际中遭遇很多问题，即便规划方案编写较为合理，然而在发展的实践过程中，就出现了混乱的问题，导致了规划方案的合理性逐渐丧失。具体来说，村庄在发展过程中所遇到的问题主要有以下几种。

①用地规划不平衡，尤其是在生产用地与居住用地平衡上。例如，当偏重生产用地时，就会导致居住区条件恶化。

②用地功能含糊，甚至存在相互交叉情况，导致用地既不适用于生产也不适用于生活。

③在用地上对未来的发展预留不足或控制不力，从而影响了村庄未来发展。

④对于村庄的公共区域建设、绿化等问题关注不足，导致相关用地规划不成系统，既浪费了资金，又影响了村庄正常建设。

综合分析这些问题我们可以发现，其主要的根源还在于规划者对村庄发展的客观情况分析不足，对村庄长远规划的重视与预测不足，因而导致了在村庄总体规划上的决策失误。

因此，为了避免上述问题的出现，我们就必须要准确把握住村庄发展的方向与趋势，进行科学规划。一方面，要做到科学规划就必须对村庄当前发展的相关数据进行收集，并进行科学分析；另一方面，村庄在发展过程中不可避免地会遇到一些难以预测的变化，因此在规划上就需要针对可能出现的变化编写相应的方案。

（二）村庄的用地布局形态

村庄的形成与发展，受到政治、经济、社会、文化、自然等各方面因素的影响，其发展有着自身内在的客观规律。村庄发展在外部形态上的差异，其根本在于内部结构的发展变化。由此可知，村庄发展的外在形态与内在结构之间也存在着密切的联系，二者相互影响，是不可分割的统一体。对村庄发展的布局也要包含对结构与形态的布局。因此，要使村庄的用地布局形态合理，就必须深入研究和分析村庄发展的内在规律，找出其内部各组成部分之间的关系及内外之间的关系，只有这样才能够保证农村用地协调，使村庄真正实现合理发展。

具体来说，村庄的形态要素主要由公共中心系统、交通系统和其他功能系统组成。在这些要素中，公共中心系统处于主导地位。对于交通系统的规划与建设来说，公共中心系统是其建设的目标和枢纽；对于其他功能系统来说，公共中心系统决定着其建设布局和功能发挥，同时各项活动的开展也能够为公共中心系统提供信息反馈。同时，交通系统也是连接公共中心系统与其他功能系统间的桥梁，从而构成一个有机整体。因此，从关系上来说，这三个要素是相互制约、相互促进、相互协调的，这三个因素共同决定着村庄平面几何形态的基本特征。

从村庄的布局形态上来说，则可以将其分为三个圈层，即商业圈、生活圈和生产圈。其中商业圈在开展商业活动的同时，还兼有部分文化娱乐与行政功能；生活圈即村民生活居住的主要区域，有时还伴有一定的生产活动；生产圈即村庄开展生产活动的中心，与生活圈一样也伴随有一定的居住活动。从形态上来说，村庄布局主要有以下三种基本形态。

1. 圆块状布局形态

圆块状的布局形态下生产用地与生活用地之间的关系较为协调，商业区的位置也相对适中。

2. 弧条状布局形态

采用弧条状的布局主要是出于两方面的原因，一是受到自然条件限制，二是由于交通条件吸引。针对交通来说，采用弧条状的布局会造成用地及交通组织在纵向上的矛盾。因此，在这种形态的布局下，规划时就需要加强对道路在纵向上的布局，设置两条及以上的纵向干道，并将过境通道引向外围。

同时，在用地发展上，弧条状布局的村庄也应尽量控制用地的纵向延伸，尽量选择一些坡地对其进行横向发展利用。在用地的组织上，还应充分结合生产与生活需要，将纵向的狭长用地划分为若干段，建立起相应的村庄公共中心。

3. 星指状布局形态

星指状布局下的村庄，其发展是以由内向外为方向的。村庄用地在发展的过程中会根据用地的性质、功能等向不同的方向延伸，这就构成了村庄的星指状布局。因此，针对星指状布局特点，人们需要根据用地功能进行合理的分区，从而避免随着乡村发展导致各功能用地相互包围的问题。形成星指状布局的村庄，其发展通常具有较强弹性，村庄内部结构与外部形态之间的关系通常也较为合理。

（三）村庄的发展方式

对于村庄来说，其通常采用两种发展方式，一种是集中式的，另一种是分散式的。

1. 集中式的发展方式

该发展方式是村庄出于资源、生产等方面的原因，对村庄的各类用地进行集中连片布置。此外，在相邻的居民点中，其也会出于劳动生产间的联系而建立联合，这也是集中式发展的一种表现。

2. 分散式的发展方式

该发展方式是村庄对用地进行分散的布局规划的一种发展方式。采用分散式布局主要是出于以下几个方面的原因。

①保证生产、生活等各种类型用地的协调发展。

②保证各类型用地的相对独立。

但是，分散的布局也会给村庄各部分间的交通及整体的统一性等方面带来一定问题，因此要解决这些问题，就需要我们从以下两个方面入手。

①在规划上加强对统一性问题的重视。

②加强村庄交通建设，使分散的各部分能够实现有效联系。

（四）综合式发展

对于现代的农村发展来说，单一采用集中式或分散式的发展都会造成一定问题。因此，人们更需要将这两种发展方式有机结合起来，形成综合式发展。提倡综合式的发展，主要是因为在乡村发展初期，为了实现乡村发展，设计者需要对现有资源进行充分利用，以便乡村发展尽快成型，因此在这一发展阶段，采取集中式发展是适宜的。然而，当村庄发展到一定的阶段后，一些工业生产用地已经不适合布局在原有的区域了，再加上发展备用地的消耗，就需要开拓新的区域，建设新区。这是就需要采用分散式的发展方式了，该方式以村庄旧区为中心，在周围分散建设新的村庄群。此外，当村庄在发展方向上发展较大变化时，也需要对村庄进行分散式布局规划。

二、生态美学在我国新农村公共服务设施设计实践

（一）村庄道路规划

1. 村庄道路的类型

根据村庄道路的功能与特点，可以将其分为村庄内道路和农田道路两种类型。

（1）村庄内道路

村庄内道路即连接到村庄中心的道路，同时村庄中各个组成部分之间的交通也都在村庄内道路的体系上，因此可以说村庄内道路是整个村庄交通的主动脉。村庄内道路的规划与建设，需要按照国家相关标准，并结合道路的任务、性质、交通量等进行规划。

（2）农田道路

农田道路即连接农田的道路，其主要的功能就是使农民能够顺利到达农田进行劳动作业，满足机械化农业生产需要，方便农产品运输等。根据作业方式的不同，农田道路又可以划分为机耕道和生产路。其中，机耕路是供机械化设备作业使用的道路；生产路则是为供人力和畜力作业使用的道路。

2. 村庄道路规划的原则

村庄道路是其交通系统中的主要组成部分，道路的畅通程度影响着村庄各类用地间的联系与功能发挥，还有村庄间联系等。对于村庄道路的规划来说，首先必须以村庄的自然地理情况及村庄发展现状为依据；其次道路规划应满足建筑布置与管线敷设需要；再次，在道路规划上还应做到主次分明、分工明确，从而建立起一个高效、合理的交通系统。

具体来说，农村道路系统的规划建设主要有以下几种形式。

（1）方格式

方格式道路以直线为主，大多呈垂直相交，在形态上十分整齐，类似于棋盘，因此也被称为棋盘式。方格式的道路布局的优点在于用地紧凑，便于建筑布置与方向识别，道路定向较为方便，不会出现一些复杂的交叉口，实现了车辆在道路系统上的均匀形式。当某一道路上的行驶受阻时，车辆可以及时绕行，并且绕行线路不会增加行程和形式实践。方格式道路布局的缺点则在于交通相对分散，主次功能不明确，会形成过多的交叉口，阻碍交通的流畅度。方格式的道路规划通常用于平原地区。

（2）放射式

放射式道路布局主要由放射道路与环形道路两部分组成。其中，放射道路负责对外交通；环形道路负责各区域间的交通运输，并与方式道路相连，分担一部分过境交通。这种道路系统主要是以公共中心为中心，由中心引出放射形道路，并在其外围地带敷设一条或者几条环形的道路，像蜘蛛网一样构成整个村庄的道路交通系统。环形道路有周环，也可以为群环或者多边折线式；放射道路有的是从中心内环进行放射，有的则是从二环或者三环进行放射，也能够和环形道路呈切向放射。放射式道路的优点在于能够使公共中心区与其他分区间实现畅通联系，并且能够通过环形道路将交通均匀分散到各个分区。同时，放射性道路的路线有曲有直，使其能够与自然地形条件相结合。放射式道路的缺点则在于容易在公共中心区造成交通拥堵。因此，在前往其他分区时，需要绕行。但是，放射式道路布局在机动性和灵活性上则不如网格式的道路布局，绕行相对不变。如果在小范围内采用放射式的道路布局，还会由于道路交叉，形成很多不规则的小区，影响建筑物布置。放射式的道路布局通常适用于规模相对较大的村庄。

（3）自由式

自由式即根据地形的特点和走向规划道路的一种部布局形式。由于其是顺应地形条件进行的规划，因此道路规划并不形成一定的几何形状。自由式道路布局的优点在于通过与自然地形结合，使道路更加自然，且能够最大限度地减少道路施工建设土方工程的工程量，节省公路建设费用。同时自由式布局的道路还能够与乡村景观相结合，丰富乡村景观建设。自由式道路布局的缺点在于道路多为弯曲道路，且方向多变，容易造成交通紊乱。道路较为曲折，也影响了建筑物设置及管线布置使用。在自由式的道路布局下，建筑物的布置通常较为分散，这也对居民出行造成了一定影响。自由式道路布局通常应用于山区、丘陵及其他地形多变的地区。

（4）混合式

混合式即以农村的自然条件与建设现状为依据，综合以上三种道路形式所进行的道路规划。混合式的道路规划能够做到因地制宜、扬长弊端，满足了村庄发展的实际情况与需要。

上述的四种交通系统类型，各有优缺点，在实际的规划过程中，工作人员应该根据村庄的自然地理条件、现状特征、经济状况、未来发展的趋势以及民族传统习俗多方面进行综合性考虑，做出一个比较合理的选择与运用，不可以单纯追求某一种形式，绝对不可以生搬硬套搞形式主义，应该做到扬长避短，科学、合理地对道路系统进行规划布置。

3. 村庄道路设计的需求

（1）满足村庄环境的需要

在生态美学的设计中，生态是人们需要关注的重点问题。因此，在村庄道路的设计上，就需要满足一定环境需要。从走向上来说，就是要以有利于村庄通风为原则。例如，在北方的村庄，在冬季主要刮的是西北风，刮风的同时还会带来一定的风沙、雨雪等。因此，在道路的设计上就应该将主干道与西北向形成一定的垂直或倾斜角度，从而对村庄起到保护作用；对于南方的村庄来说，主干道的走向则应与夏季风平行，从而为村庄提供良好的通风条件。

同时，在现代社会下，随着经济发展，机动车的普及程度日益提高，这也造成了农村受到了日益严重的尾气与噪声污染。因此，从环境的角度出发，在道路的设计上一定要保证道路网处在一个合理的密度范围上，同时还应在道路两方加强绿化建设，以有效吸收机动车行驶带来的尾气与噪音。

（2）满足村庄景观的要求

对于村庄道路来说，除了交通运输的功能之外，其对于村庄景观的建构也有一定影响。村庄道路的线型、造型、色彩、绿化等能够与周围的建筑相结合，从而构成村庄的建筑景观。同时，道路还能够将村庄的各类自然景观、人文景观联系在一起，而村庄道路则成为观赏村庄景观的观景长廊。可以说，道路对村庄现代化面貌的展示发挥着巨大的作用，因此村庄道路建设还必须满足一定的景观要求。

但是对于道路的建设来说，也不能为了追求景观效果而扰乱正常的交通规划，从而造成交通不畅，这就脱离了道路建设最根本的目的。

4.道路绿化

道路绿化即在道路两旁种植乔木、灌木等植物，其主要的目的有两个，一是美化环境；二是对道路进行保护。因此，根据绿化的作用，绿化可分为三种类型，即行道树、风景林、护路林三种。其中行道树和风景林以美化道路环境为目的，护路林则以保护道路为目的。行道树的种植方式为在道路的两旁或一旁种植单行的乔木；风景林的种植方式为在道路两旁种植两行及以上的乔木或灌木；护路林的种植方式为在道路两旁或一旁的空旷地带密植多行的乔木、灌木。

（二）教育设施规划

1.中小学教育设施规划

村庄的中小学主要由教学楼、办公楼、运动场的建筑和设施构成，此外对于有些条件较好的村庄中小学来说还设置有礼堂、室内活动室等。从建筑面积上来说，村庄小学在建筑与行政建筑的面积上的规模应达到2.5平方米/每生，中学则为4平方米/每生。

在教室的设计上，桌椅的排列方式，对教室的大小有着重要的影响。学生的桌椅是学生室内学习的主要设施，因此在桌椅的排列上，首先应从学生出发，为了保护学生的视力，第一排的桌椅应安排在距黑板 2 米以上的距离，最后一排桌椅距离黑板的距离则应小于 8.5 米。从桌椅的排列上来说，如果横排的座位数量过多，就会导致两旁的座位过偏，不利于学生学习。因此，桌椅横排座位的设置应以 8 个以内为宜。中小学由于教室规模及学生学习需要、身体发育等方面的要求，所以中小学教室的轴线尺寸及层高等都有所不同。小学教室的轴线尺寸通常为 8.4 米 ×6 米，教室层高在 3.0 ～ 3.3 米的范围；中学教室在轴线尺寸和层高上都略高于小学教室，其轴线尺寸通常为 9 米 ×6.3 米，教室层高在 3.3 ～ 3.6 米的范围。

对于教室来说，黑板和讲台是重要的教学设施，教师的讲授和学生的学习都离不开黑板与讲台。因此，黑板和讲台也是教室规划设计的重点。通常来说，黑板的主要是用水泥沙浆制成的，其规格为长 3 ～ 4 米、高 1 ～ 1.1 米。为了避免反光，同时也为了使学生能够更有效、健康地观看黑板，一方面在黑板的制作上，需要在其表面刷黑板漆，还可以使用磨砂玻璃；另一方面，则应该科学设置黑板位置，特别是其与讲台的位置。通常来说讲台的规格为高 0.2 米，宽 0.5 ～ 1.0 米，黑板的下端距讲台通常为 0.8 ～ 1.0 米距离。

为了保证教室的环境，每个教室都设置有一定数量的窗户，其主要目的是为了采光和通风。从采光上来说，教室窗子的采光面积，应以教室地板面积的 1/4 ～ 1/6 为宜。同时，为了避免室外活动对室内学生的影响，在玻璃的选择上尽量使用磨砂玻璃。从通风上来说，可以开设高窗以便通风。另外，对于北方地区来说，由于冬天天气寒冷，为了便于通风换气，还可以在教室外墙的采光窗上设置小气窗，其面积以教室地板面积的 1/50 为宜。

除了学习之外，教室的设计还应考虑特殊情况下的应急疏散问题。因此，为了便于师生疏散，在教室的前后都应该设置一门，为了便于师生通过，门的宽度应大于 0.9 米。

阅览室是供学生进行阅读的重要场所，其在设计上受到学校规模及阅读方式等因素的影响。阅览室的座位数量、座位面积等都受到学校规模影响。阅览室面积的大小也受到阅读方式的影响。例如，一间阅览室会设置不同的分间，较大的分间用于图书阅读，较小的分间则用于报刊阅读。阅览室的规划设计在宽度、层高等方面应与教室的标准保持一致。

田径场是学生室外活动的重要场地，而对于田径场的规划设计来说，主要就是跑道的规划设计，跑道的周长可以设为 200 米、250 米、300 米、350 米、

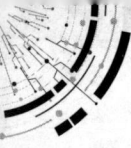

400 米。小学应该有一个 200～300 米跑道的运动场，中学宜有一个 400 米跑道的标准运动场。运动场长轴宜南北向，弯道多为半圆式，场地要考虑排水。

厕所也是村庄教育设施中的重要组成部分。通常学校需要为学生和教师与行政工作人员分别设置专用的厕所。在学生厕所的规划上，通常依据学生数量及男女生比例进行设计，在每层教学楼的两侧，通常设置有一定数量的厕所。村庄中小学校的厕所通常有蹲式、坐式两种，对于小学生及女生来说，可以按照蹲、坐各半的原则进行便池设计。此外，考虑小学生的身高，在选择卫生器具时，就需要对其间距与高度问题进行选择，应选择比普通尺寸小的卫生器具。

2. 托幼建筑设计

（1）地址选择

在托幼建筑的地址选择上，通常需要考虑位置、环境、规模等方面因素，具体如下。

①在服务半径上不能设置过大，以 500 米内为宜，既便于家长接送，又能够避免对交通造成干扰。

②应选在自然条件较为良好的地方，如日照充足、通风良好、场地干燥等，从而为幼儿的室外活动提供良好的环境条件。

③应尽量远离污染源，以保证幼儿及教师等其他工作人员的身体健康。

④能够满足托幼建筑的各种功能布置与分区要求。

（2）总平面设计

对于村庄的托幼建筑来说，其在总平面设计上，必须要按照规划设计方案中对各项功能建筑与用地的要求和规划进行设计，以保证功能完整、分区合理、便于管理、以满足幼儿身心成长与活动需要。

（3）儿童房间规划设计

儿童房间即供幼儿进行室内教学、饮食、活动等需要的场所。通常来说，在儿童房间的设计上应遵循坐北朝南的规则，以保证室内采光、通风等环境。在地面材料的选择上，还应该结合儿童的成长特点，选择一些暖色的、弹性较好的材料制作地面。此外，有些村庄由于冬季较冷，因此需要在儿童房间内设置采暖设备，所以从保障幼儿安全的角度出发，儿童房间应做好充足的安全防护措施。

对于托幼建筑来说还需要设置供幼儿休息的寝室。为了保证幼儿的休息，在寝室的规划设计上必须充分考虑到环境因素，例如对于气温较热的地区，为了保证幼儿休息，需要设置专门的遮阳设施。在寝室内，最主要的设施就是幼儿的床。其大小需要根据幼儿的身体尺度进行设计，在材料选择上则应以安全为主要原则。此外，在床位之外还应留出一定位置的空道，以方便人员走动及保育人员对幼儿休息情况的观察。

此外，根据幼儿特点，还应在教室内设计一定数量的卫生间，便于幼儿上厕所或保育员替幼儿换洗衣服。卫生间的位置是其规划设计中的一个重要问题。针对幼儿的特点，卫生间应设置在靠近寝室的地方。同时，卫生与安全也是卫生间规划设计所要考虑的问题。从卫生上来说，卫生间的洁具数量应符合相应规定，且是适合幼儿使用的。同时，卫生间还应做到地面干净、整洁、防滑，在保证卫生的同时，避免幼儿出现滑倒等问题。

音体活动室是幼儿在室内进行音乐、体育、游戏、节目娱乐等一系列活动的场所。它主要是供全园的幼儿公用的房间，不应该包括在儿童活动单元之内。这种活动室的布置应该邻近生活用房，不应该与服务、供应用房等混合在一起。可以进行单独设置，其宜用连廊和主体建筑进行连通，也能够与大厅结合在一起，或和某班的活动室结合起来使用。音体室地面应该使用暖色、弹性等材料，并且应该设置软弹性护墙以防止幼儿发生碰撞。

（三）医疗设施规划

1. 村镇医院的分类与规模

根据我国村镇的医疗卫生建设实际情况，村庄的卫生医疗机构主要分为中心卫生院、乡镇卫生室、村卫生室服务站等类型和层次。其中，中心卫生院主要建设在中心村镇，也是我国村镇三级医疗机制中最高的机构。因此从规模上来说，中心卫生院的规模是村镇医疗机构中最大的，其病床设置数量为50～100张，门诊工作量为200～400人次/日。

而乡镇卫生室、村卫生室服务站等则属于村镇的基层医疗机构，主要承担本村镇的日常医疗工作，负责一些卫生医疗知识的宣传工作等。因此，在规模上来说，其通常较小，门诊工作量约为50人次/日，并设有1～2张观察床。

2. 医疗建筑规划设计

（1）布局类型

村镇医疗建筑的规划通常有以下几种类型。

①分散式布局。分散式布局即根据医疗与服务的性质与功能，分幢建造相应的医疗建筑。分散式布局能够对不同性质和功能的医疗建筑进行合理分区，并使其保持合理距离，从而保证医疗建筑通风等环境。对于进行分期建设的医

疗建筑来说，适宜采用分散式布局。但是分散式布局也存在一定缺点，即由于分区造成各部分之间的交通路线较长，增加了医护人员的往返距离，不利于各部分间的联系。此外，建筑位置的相对分散，也增加了相关管线长度。

②集中式布局。集中式布局即将不同功能的科室设置在一栋建筑之内，其优点在于节省占地面积、减少投资；相对集中，便于相互间联系与管理等。但是，相对集中，也造成了不同科室间的相互干扰，这也是集中式布局的不足之处。对于村镇的卫生院来说，由于其规模较小，因此通常采用集中式布局。

（2）规划要点

对于村镇医疗设施的规划来说，通常需要遵循以下要点。

①在门诊的规划上，层数通常设置为1～2层，当设置有两层门诊时，应将一些病人就诊不方便的科室或是就诊人数较多的科室安排在一层，如外科、儿科、急诊等。

②在交通上应保证交通顺畅，防止出现拥堵。尤其是对于规模和就诊量都较大的中心卫生院来说，为了便于人员流动与疏通，设计时需要对门诊部与住院部的入口进行分别设计。

③要保证候诊室面积及其与各个科室之间的联系，使患者能够尽快从候诊室到达所要前往的科室。

④在住院部的设计上，为了保证患者的休息与康复，应尽量为其提供良好的环境，如采光、通风、隔音等。在病房的设计上，则应根据病房规格，按照合适的密度安排病床，通常以4～6人一间为标准。对于那些有较高需求或者病情较重的病人来说，还可以设置双人间或单人间。

（四）文化娱乐设施规划

村庄的文化娱乐设施是广大村民进行文化娱乐活动的主要场所，同时也是党和政府对村民进行宣传教育与农业、科技等方面知识及技术普及的重要场所。其对于农村的物质文明与精神文明建设具有重要作用。因此，在文化娱乐设施的规划上应注意以下几点。

①保证文化娱乐设施的知识性和娱乐性。由上所述的村庄文化娱乐设施的性质与功能来说，其通常为文化站、阅读室、棋牌室、体育室等各种活动室。这样一来，其既能够以相对灵活、自由的方式，开展对村民的思想宣传教育和科学知识与技术普及。同时，也能够通过各类活动室设置满足村民的娱乐需要，做到知识性和娱乐性兼顾。

②保证文化娱乐设施的艺术性和地方性。作为文化娱乐设施，其一定要体

现出一定的艺术性，例如在建筑造型设计上，必须要做到美观，有一定的艺术氛围。同时，每个村庄都要具有一定的地方文化和特色，因此在文化娱乐设施的规划设计上，还应充分结合地方文化，展现地方特色。

③保证文化娱乐设施的综合性和社会性。由上述分析可知，村庄文化娱乐设施具有教育、娱乐、宣传的各种功能，活动内容丰富多彩，因此对于村庄文化娱乐设施的规划来说，就应该以综合性为标准。同时，由村庄文化娱乐设施的性质可知，其是为广大村民服务的，因此在规划时，还应注意其社会性。

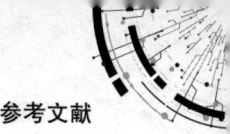

参考文献

[1] 杨晓阳，刘晨晨. 中国风水与环境艺术 [M]. 北京：北京工艺美术出版社，2015.

[2] 李倩. 民族建筑元素与环境艺术研究 [M]. 长春：吉林大学出版社，2017.

[3] 乔继敏. 城市居住环境艺术设计研究 [M]. 北京：光明日报出版社，2016.

[4] 齐伟民，王晓辉. 城市环境艺术概论 [M]. 长春：吉林美术出版社，2013.

[5] 李永昌. 居住区环境艺术与方案设计 [M]. 西安：西安交通大学出版社，2014.

[6] 魏凯旋. 设计艺术的美学研究 [M]. 北京：北京理工大学出版社，2017.

[7] 朱逊，张伶伶. 当代环境艺术的审美描述 [M]. 哈尔滨：哈尔滨工业大学出版社，2015.

[8] 文增，王雪. 立体构成与环境艺术设计 [M]. 沈阳：辽宁美术出版社，2012.

[9] 束昱. 城市地下空间环境艺术设计 [M]. 上海：同济大学出版社，2015.

[10] 王芳，刘梦园，王海婷. 环境艺术设计初步 [M]. 合肥：合肥工业大学出版社，2010.

[11] 张朝晖. 环境艺术设计基础 [M]. 武汉：武汉大学出版社，2008.

[12] 肖晓丹. 欧洲城市环境史学研究 [M]. 成都：四川大学出版社，2018.

[13] 刘文靓. 特色环境艺术设计中传统建筑文化与现代建筑文化的大融合

探讨 [J]. 汉字文化，2018（22）：83-84.

[14] 刘乐沁. 关于环境艺术设计的人性化及个性化探讨 [J]. 艺术科技，2018（11）：231.